Java 应用开发：

基础知识

Java APPLICATION DEVELOPMENT: BASIC KNOWLEDGE

智酷education产品中心 编著

中国铁道出版社有限公司

CHINA RAILWAY PUBLISHING HOUSE CO., LTD.

内 容 简 介

本书是一本适用于 Java 初级读者的入门图书，详细介绍了使用 Java 语言进行程序开发需要掌握的知识和技术。本书共 10 章，主要内容包括 Java 基础入门、类型转换和运算符、运算符和流程控制语句、数组和方法、面向对象、常用 API、异常 & 集合 & 映射、IO 流 & 线程、网络编程 & 反射。

本书通俗易懂，案例丰富，适合作为高等院校计算机相关专业的程序设计教材，也可作为 Java 技术的培训用书。

图书在版编目（CIP）数据

Java 应用开发. 基础知识 / 智酷道捷内容与产品中心编著 . —北京：中国铁道出版社有限公司，2021.2
ISBN 978-7-113-27512-9

Ⅰ.① J… Ⅱ.①智… Ⅲ.① JAVA 语言 - 程序设计 - 教材 Ⅳ.① TP312.8

中国版本图书馆 CIP 数据核字 (2020) 第 273197 号

书　　名：Java 应用开发：基础知识
作　　者：智酷道捷内容与产品中心

策　　划：汪　敏　　　　　　　　　编辑部电话：(010) 51873628
责任编辑：汪　敏　包　宁
封面设计：尚明龙
责任校对：苗　丹
责任印制：樊启鹏

出版发行：中国铁道出版社有限公司（100054，北京市西城区右安门西街 8 号）
网　　址：http://www.tdpress.com/51eds/
印　　刷：北京柏力行彩印有限公司
版　　次：2021 年 2 月第 1 版　2021 年 2 月第 1 次印刷
开　　本：850 mm×1 168 mm 1/16　印张：12　字数：290 千
书　　号：ISBN 978-7-113-27512-9
定　　价：39.80 元

　　本书是一本可以指导程序员编写健壮且可维护的 Java 程序代码的经典教材。书中提供了数百个案例，所有这些案例都由多名一线 Java 研发工程师精心设计，不仅易于理解，也很容易实际应用。

　　本书从 Java 入门读者的角度出发，通过通俗易懂的语言、流行有趣的案例，详细地介绍了使用 Java 语言进行程序开发需要掌握的知识和技术。

　　本书共 10 章，第 1 章是 Java 基础入门，概述了 Java 语言的基础知识和与其他程序设计语言的不同性能；第 2 章讲解了 Java 中类型转换和运算符的应用；第 3 章主要介绍逻辑运算符、位运算符、三目运算符及流程控制语句的相关知识；第 4 章主要介绍数组的定义和格式、数组的初始化、数组操作的常见问题及二维数组等内容，还介绍了 Java 方法的概述、定义、调用、重载和参数传递，以及 void 修饰的方法和递归等知识；第 5 章和第 6 章主要介绍面向对象的使用及其三大特征，包括封装、继承和多态，然后介绍了 Java 常用的一些关键字及接口、内部类等知识；第 7 章对 Object 类和 String 类进行了详细介绍；第 8 章深入讲解了异常、集合和映射等知识；第 9 章主要介绍了 Java 语言的 IO 流和线程的相关知识；第 10 章主要介绍 Java 语言的网络编程和反射技术。

　　本书实例丰富，可以帮助读者更好地巩固所学知识，提升能力；登录中国铁道出版社有限公司网站（http://www.tdpress.com/51eds/）可以获得更多学习资源和技术支持，如案例源代码、教师指导手册、教学 PPT、教学设计、练习答案及其他资源等，还有和每章内容配合使用的 10 套作业和难易程度不同的 6 套试卷，以方便读者学习；另外，扫描"视频"二维码可以观看全书的教学视频，扫描"道捷云小程序"二维码即可运行使用道捷实训云平台（www.yun.51dcool.com）开发的与书中案例对应的道捷实训云案例，并观看案例开发的视频讲解，这些案例采用"项目模板＋拖动式制作"的创新模式，能极为简便快捷地完成项目制作，极大地缩短项目研发时间。

　　通过阅读本书，你将：

- 可以掌握编写一流 Java 代码的基本技术。
- 可以充分利用接口和内部类的强大功能。
- 可以通过有效的异常处理和调试使程序更坚固。
- 可以编写更安全、更可重用的程序代码。
- 可以利用 Java 的标准集合改善 Java 程序的性能。

· 可以培养动手写代码的能力。

· 可以掌握网络的基本概念及使用 TCP 和 UDP（协议进行）通信。

　　本书由北京智酷道捷教育科技有限公司组织多名一线 Java 研发工程师联合编写，书中案例皆为当下流行的项目案例，极具参考价值，适合作为高等院校计算机相关专业的程序设计教材，也可作为 Java 技术的培训用书。

　　由于时间有限，书中难免有疏漏及不足之处，敬请广大读者批评指正！

编　者

2020 年 8 月

目　录

第 1 章

Java 基础入门

视 频

Java 语言发展
史和平台概述

学习目标

- 了解 Java 发展历史。
- 掌握 Java 语言环境安装。
- 掌握环境变量配置步骤。
- 掌握 HelloWorld 案例。
- 了解关键字的含义。
- 掌握 Java 语言中注释的用法。
- 掌握 Java 语言中的常量。
- 掌握 Java 语言中的变量。

本章将介绍 JDK 的安装、配置环境变量，并且要编译和运行 HelloWorld 案例，探究 Java 语言中的常量和变量的用法以及它们在内存里的表现。

1.1 Java 语言概述

Java 是一种面向对象的程序设计语言，本课程主要介绍 Java 的基础入门。首先从基础语法讲起，后面还包含了面向对象、API、集合、映射、网络、线程、I/O 流和反射等内容。本节课主要学习 Java 语言的发展历史及其平台。

1.1.1 Java 语言发展史

Java 语言是由 SUN 研究院院士詹姆斯·高斯林发明的。詹姆斯·高斯林是 Java 编程语言的共同创始人之一，一般公认他为"Java 之父"，如图 1-1 所示。SUN 公司创建于 1982 年，它是 IT 及互联网技术服务公司，全名叫斯坦福大学网络公司。

Java 语言的主要发展历程如下：

- 1995 年 5 月 23 日，Java 语言诞生；
- 1996 年 1 月，JDK 1.0 诞生；
- 1997 年 2 月，JDK 1.1 发布；

图 1-1　詹姆斯·高斯林

- 1998 年 12 月，JDK 1.2 出现，Java 企业平台 J2EE 发布；
- 1999 年 6 月，SUN 公司发布 Java 的三个版本：标准版、企业版和微型版（J2SE、J2EE、J2ME）；
- 2000 年 5 月，J2EE 1.3 出现；
- 2002 年 2 月，J2SE 1.4 出现，自此 Java 的计算能力有了大幅提升，其中有一个子版本 J2SE 1.4.2，当时被很多公司使用；
- 2004 年 10 月，J2SE 1.5 发布，并且将名称更改为 Java SE 5.0（这是一个非常重要的版本，在该版本里出现非常多且现在很流行很实用的技术）；
- 2006 年 12 月，SUN 公司发布 JRE6.0；
- 2009 年 4 月 20 日，Oracle（甲骨文）公司以 74 亿美元收购了 SUN 公司，所以现在 Java 是属于 Oracle 公司的；
- 2011 年 7 月，Oracle 公司发布 Java SE 7.0，这也是一个重要的版本，现在很多公司使用该版本；
- 2014 年 3 月，Oracle 公司发布 Java SE 8；
- 2017 年 9 月，Oracle 公司发布了 Java SE 9，该版本升级强化了 Java 的模块化系统。

1.1.2　Java 语言平台概述

在介绍 Java 语言发展史的时候提到 J2EE、J2ME 和 J2SE，那么这些名称是什么意思呢？接下来进行详细介绍。

1. J2SE

J2SE（Java 2 Platform Standard Edition）标准版，主要用于桌面应用程序开发，这也是以后学习 Java 的重要基础。图 1–2 所示为经典的坦克大战游戏，该游戏可以使用 J2SE 实现。

2. J2ME

J2ME（Java 2 Platform Micro Edition）小型版，主要应用于嵌入式设备中，如手机、移动电脑等移动通信电子设备。图 1–3 所示为计算器应用程序，即可通过 J2ME 实现。

图 1–2　坦克大战游戏

图 1–3　计算器

3. J2EE

J2EE（Java 2 Platform Enterprise Edition）企业版，是针对企业级的应用程序，主要开发的是大

型应用。天猫和京东，包括拼多多都可以使用 J2EE 企业版进行开发，
如图 1-4 所示。

图 1-4　企业级应用程序

1.1.3　JRE 和 JDK

Java 语言的环境搭建需要 Java 开发工具包（JDK）和 Java 运行环
境（JRE），下面分别介绍它们的具体含义。

视 频
Java 语言环境
和跨平台原理

1. JRE

JRE（Java Runtime Environment，Java 运 行 环 境 ） 包 括 Java 虚 拟 机（Java Virtual
Machine，JVM）和 Java 程序所需的核心类库的 class 文件。如果想要运行一个开发好的 Java
程序，只需要在计算机中安装 JRE 即可。

2. JDK

JDK（Java Development Kit，Java 开发工具包）是提供给 Java 开发人员使用的，其中包
含 Java 的开发工具，也包括 JRE。因此安装了 JDK，就不需要再单独安装 JRE 了。

其中的开发工具包含编译工具（javac.exe）和运行工具（java.exe）等。

对于想要学习 Java 这门技术的程序员来说，肯定要使用 JDK，因为其中包含开发人员使用的开
发工具。

简单来说，使用 JDK 开发完成的 Java 程序（这里的开发包含了常规的开发和调试，以及修改 bug 等）
是交给 JRE 运行环境运行的。

1.1.4　JRE 和 JDK 的关系

前面分别介绍了 JRE 和 JDK，下面将对 JDK、JRE 和 JVM 之间的关系进行介绍。

- JDK：JRE+ 开发工具。
- JRE：JVM（虚拟机）+ 核心类库。
- JVM：可以保证语言的跨平台特性。

图 1-5 所示为 JDK、JRE 和 JVM 的关系。由图可知 JDK 包含 JRE 和编译器等开发工具；JRE 包
含了 JVM 和运行类库。

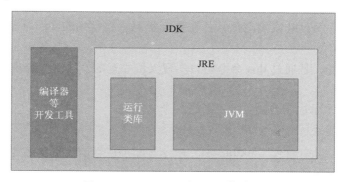

图 1-5　JDK、JRE 和 JVM 的关系

1.1.5　Java 语言跨平台原理

在介绍 Java 语言环境时介绍过 JVM 可以保证语言的跨平台特性，那么跨平台是什么意思呢？首
先来了解一下什么叫平台，平台就是操作系统，如 Windows、Linux、macOS。像苹果电脑、iOS 的

苹果手机、安卓等，上面都运行着操作系统，即平台。那么什么叫跨平台呢？就是 Java 程序可以在任意操作系统上运行，一次编写到处运行，即开发人员可以在任意平台上开发程序，并运行在任意操作系统上。

　　Java 要做到跨平台，主要依赖于刚才介绍的 JVM，即 Java 虚拟机。图 1-6 展示了 JVM 对应的不同版本。

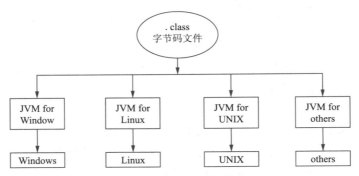

图 1-6　JVM 的不同版本

　　可以看到，JVM 虚拟机是有不同版本的，如 JVM for Windows、JVM for Linux 和 JVM for UNIX 等，运行 JVM for Windows 版本的 JVM 虚拟机，那么 Java 的 .class 文件就可以在 Windows 系统上面执行，运行 JVM for Linux 版本的 JVM 虚拟机，Java 的 .class 文件就可以在 Linux 系统上面执行，这就是 Java 语言可以跨平台的原因。注意，Java 语言是跨平台的，Java 虚拟机不是跨平台的。

1.2　HelloWorld 案例

视　频

常用 dos 命令

　　下面通过经典的 HelloWorld 案例的学习，来实际感受一下 Java 开发的具体应用与操作。本节将主要介绍常用 dos 命令、JDK 安装、HelloWorld 案例的编写和运行、注释、关键字和公共类等相关知识。

1.2.1　常用的 dos 命令

　　在介绍 HelloWorld 案例之前，首先需要学习一些常用的 dos 命令。所谓 dos，是磁盘操作系统英文的缩写。

　　以前计算机没有鼠标，是通过 dos 命令窗口实现人机交互的。接下来介绍一些常用 dos 命令及其作用和格式等。

　　• mkdir：该命令的作用是在当前目录下新建一个文件夹。

格式：`mkdir` 文件夹名

例如，在 dos 命令窗口中输入 "mkdir test" 命令，即可在当前盘创建名为 test 的文件夹。

　　• rmdir：该命令的作用是删除当前目录中指定的文件夹。

格式：`rmdir` 文件夹名

例如，在 dos 命令窗口中输入 "rmdir test1" 命令，即可删除当前盘中名为 test1 的文件夹。

　　• cd：该命令的作用是改变当前目录。

格式：`cd` 文件夹名

例如，在 dos 命令窗口中输入"cd test"命令，即可进入当前盘中的 test 文件夹。输入"cd\"命令即可从文件夹中进入根目录。

也可以直接从根目录到其他文件夹中，例如从 D 盘进入 test 文件夹中的 aa 文件夹，在 dos 命令窗口中进入 D，然后输入"cd test\aa"命令即可，如图 1-7 所示。

```
D:\test\aa>cd\
D:\>cd test\aa
D:\test\aa>_
```

图 1-7　进入 aa 文件夹

• dir：该命令用来查看磁盘中的文件。

格式：dir

例如，在 dos 命令窗口中进入 test 文件夹，然后输入"dir"命令，即可显示 test 文件夹中包含的所有内容，如图 1-8 所示。

```
D:\>cd test

D:\test>dir
 驱动器 D 中的卷是 LENOVO
 卷的序列号是 E4E2-8236

 D:\test 的目录

2019/11/15  19:01    <DIR>          .
2019/11/15  19:01    <DIR>          ..
2019/11/15  19:01                15 111. txt
2019/11/15  19:01                 0 222. txt
2019/11/15  19:01    <DIR>          aa
2019/11/15  19:01    <DIR>          bb
               2 个文件             15 字节
               4 个目录 19,578,597,376 可用字节

D:\test>
```

图 1-8　使用 dir 命令查看文件夹中的内容

其中包含两个文件夹和两个 txt 文件，并显示各文件夹和文件的创建日期、时间以及大小。在文件夹的左侧显示"<DIR>"，在文件的左侧则不显示"<DIR>"，显示文件包含的字节数。

在 test 文件目录的最上方显示其他两个文件夹，分别为"."和".."，其中两个点的文件夹表示上级对话框，一个点的文件夹表示当前文件夹。输入"cd .."命令，返回到 test 上级的 D 盘中。

• cls：该命令的作用是清除当前屏幕。

格式：cls

例如，在 dos 命令窗口中包含很多信息，然后输入"cls"命令，即可将屏幕中的信息全部清除。

• exit：该命令的作用是退出当前程序。

格式：exit

例如，在 dos 命令窗口中输入 exit 即可退出当前窗口，也可以单击命令窗口右上角的"关闭"按钮。

在 dos 命令窗口中使用命令也可以打开应用程序，例如打开 C 盘 Windows 文件夹的 System32 文件夹中的 notepad.exe 应用程序。

在 dos 命令窗口中首先进入 C 盘，然后输入 notepad.exe 应用程序的路径，然后再输入应用程序的名称或者名称及其扩展名，按【Enter】键即可打开应用程序，如图 1-9 所示。

图 1-9　输入命令打开应用程序

　　执行上述命令，可以打开空白的记事本，也可以打开已经创建好的记事本。例如在 test 文件夹中创建的 111.txt 文件。在 dos 命令窗口中首先进入 D 盘，然后再输入 "cd test" 命令进入 test 文件夹，最后输入 notepad 应用程序的路径和记事本的名称，之间添加空格，"C:\Windows\System32\notepad 111.txt"，如图 1-10 所示。按【Enter】键，即可使用记事本应用程序打开 111.txt 文件。

> 🔔 **注意：**
>
> 　　如果是在根目录 D 盘中打开 111.txt 文件，必须在文件的左侧输入正确的路径。在 dos 命令窗口中输入 "C:\Windows\System32\notepad D:\test\111.txt" 命令，按【Enter】键即可打开 111.txt 文件。

图 1-10　打开 111.txt 文件的命令

　　在 dos 命令窗口中使用命令打开某文件夹时，可以通过【Tab】键快速输入文件夹的名称。如在 D 盘中包含 Beyond Compare 4 文件夹，那在进入 D 盘后输入 "cd B"，然后按【Tab】键，则在命令窗口中显示完整的 Beyond Compare 4 名称并且用双引号括起来，按【Enter】键即可进入该文件夹中，如图 1-11 所示。

图 1-11　通过【Tab】键快速进入 Beyond Compare 4 文件夹

上面的例子在 D 盘中只有一个以 B 开头的文件夹，要是包含多个相同字母开头的文件夹该如何选择需要的文件夹名称呢？例如，在 D 盘中需要进入 software 文件夹，输入"cd s"命令，按【Tab】键则显示 Setup 文件夹的名称，但这并不是想要的文件夹。此时只需要再次按【Tab】键直至显示 software 文件夹的名称为止，按【Enter】键即可进入该文件夹中，如图 1-12 所示。

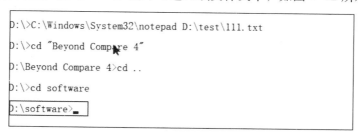

图 1-12　切换名称进入 software 文件夹

1.2.2　JDK 的安装

在熟悉常用的 dos 命令后，Java 开发人员需要使用 JDK 进行 HelloWorld 案例的编写，所以下面介绍 JDK 的下载和安装。

1. 下载 JDK

（1）打开 IE 浏览器，登录 Oracle 中文官方网站。单击左上角的 ☰ 图标，在列表的"产品帮助"选项区域中单击"下载"超链接，如图 1-13 所示。

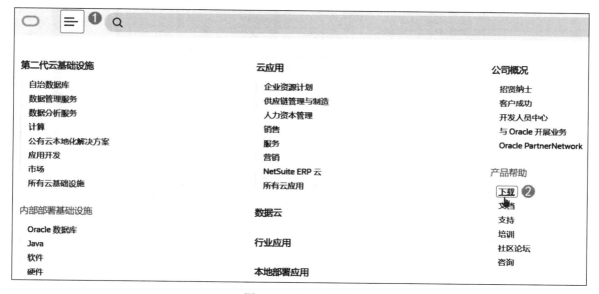

图 1-13　Oracle 主页

（2）跳转到下载页面中，在"开发人员下载"区域中单击 Java 链接。即可移动到 Java 区域，然后选择"面向开发人员的 Java（JDK）"选项。在打开的页面中单击 DOWNLOAD 按钮，如图 1-14 所示。

（3）在进入的新页面中，首先选中同意协议单选按钮，然后选择适合自己计算机的 JDK。如果使用的是 Windows 系统，则选择 Windows x86 或者 Windows x64。其中 Windows x86 适合 32 位的系统，Windows x64 适合 64 位的系统。此处下载 Windows x86 对应的 JDK，如图 1-15 所示。

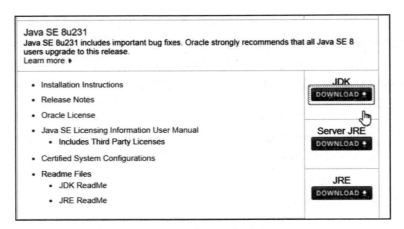

图 1–14　JDK 下载页面

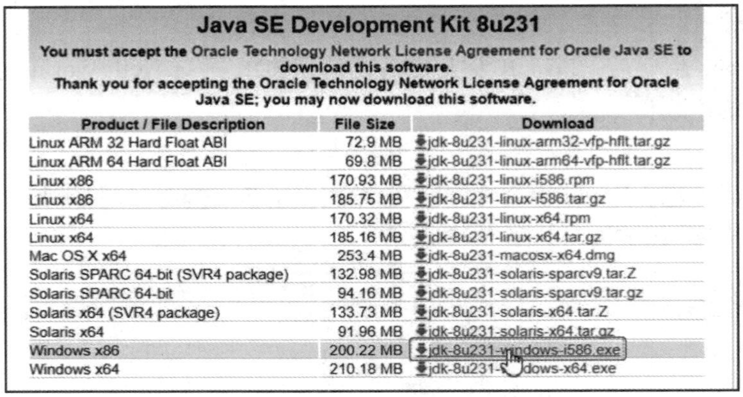

图 1–15　下载适合计算机的 JDK

2. 安装 JDK

（1）双击下载的 JDK 安装文件，进入安装的欢迎界面，单击"下一步"按钮，如图 1–16 所示。

图 1–16　欢迎界面

（2）进入下一步的界面中，可以看到默认安装到 C 盘，单击"更改"按钮，在"更改文件夹"界面中设置保存的路径，如保存在 D 盘中对应的文件夹中，如图 1-17 所示。

图 1-17　更改安装路径

（3）单击"确定"按钮返回上一界面，可见在"安装到"下方显示更改的安装路径。在中间区域显示安装的功能组件，如"开发工具""源代码""公共 JRE"。JDK 中已经包含 JRE，可以不安装"公共 JRE"组件，单击该组件的下拉按钮，在下拉列表中选择"此功能将不可用"选项，如图 1-18 所示。

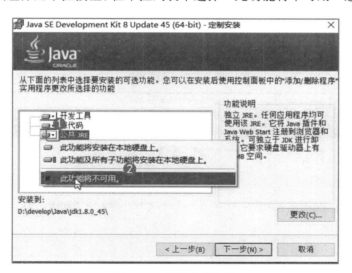

图 1-18　选择安装组件

（4）当然，也可安装"公共 JRE"，单击"下一步"按钮，即可开始安装，并显示安装的进度条，如图 1-19 所示。

（5）在安装 JDK 过程中会弹出 JRE 的"目标文件夹"界面，单击"更改"按钮，在打开的"浏览文件夹"对话框中选择合适的路径。设置完成后单击"下一步"按钮，如图 1-20 所示。

（6）进入安装状态，当进度条走完后表示安装成功，弹出"完成"对话框，显示安装成功，单击

"关闭"按钮，如图 1-21 所示。

图 1-19　安装 JDK

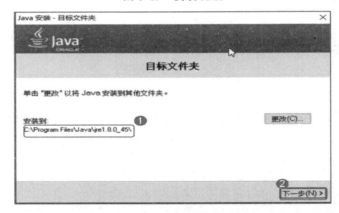

图 1-20　安装 JRE

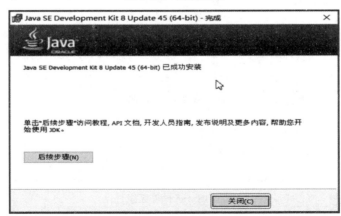

图 1-21　安装完成

（7）验证是否安装成功，首先打开 JDK 安装的文件夹并进入 bin 文件夹中，该文件夹中包含 java.exe 和 javac.exe 两个应用程序。在 dos 命令窗口中可以看到两个应用程序内包含内容，则表示安装成功，如果没有内容表示安装失败。在打开的对话框中选中所有路径并输入 cmd，按【Enter】键即可打开该文件夹的 dos 命令窗口，如图 1-22 所示。

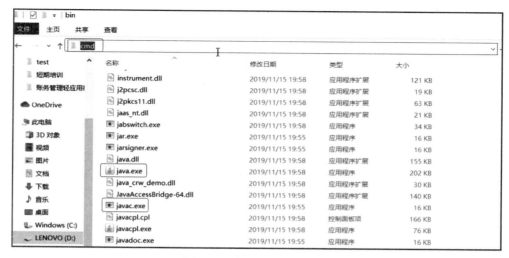

图 1–22 打开 dos 命令窗口

（8）在 dos 命令窗口中输入 javac，按【Enter】键，可见其中包含了很多内容，表示安装成功，如图 1–23 所示。然后再输入 java，按【Enter】键可见也包含很多内容。

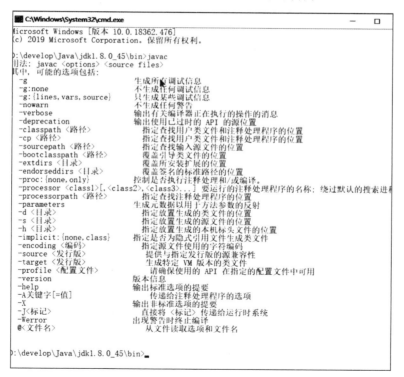

图 1–23 验证 JDK 安装

注意：

在安装 JDK 时，如果需要更改安装的路径，不建议使用中文、空格以及特殊符号等。开发工具最好安装目录统一。

3. 删除 JDK

（1）打开控制面板，单击"卸载程序"超链接，在"卸载或更改程序"列表中选择 Java 7 Update 72 程序，再单击"卸载"按钮，在打开的提示对话框中单击"是"按钮，如图 1–24 所示。

图 1–24　卸载 Java 程序

（2）在弹出的卸载该程序对话框中显示了卸载的进度，卸载完成后自动关闭该对话框。根据相同的方法删除 JavaSE 应用程序。

1.2.3　HelloWorld 案例的编写

视 频

HelloWorld
案例的编写
和运行

安装完 JDK 之后，下面开始 HelloWorld 案例的编写工作。

（1）新建记事本并命名为 HelloWorld，然后输入符合 Java 语法规范的代码。具体代码如下。

```java
public class HelloWorld{
    public static void main(String[] args){
        System.out.println("HelloWorld");
    }
}
```

（2）将记事本文件的扩展名".txt"改为".java"，如图 1–25 所示。

图 1–25　修改记事本的扩展名

（3）首先进入 test1 文件夹，然后输入 "D:\develop\Java\jdk1.8.0_45\bin\javac HelloWorld.java"
命令，使用 javac 编译代码，在 test1 文件夹中自动生成 HelloWorld.class 文件，如图 1-26 所示。

图 1-26　编译代码生成 .class 文件

（4）使用 Java 运行代码，并输出结果。在 dos 命令窗口中显示 HelloWorld 文本，如图 1-27 所示。

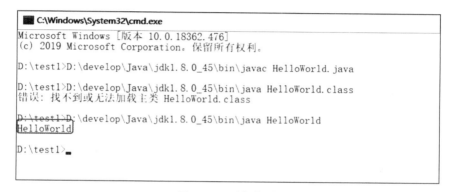

图 1-27　运行代码

HelloWorld 案例制作完成，接下来参照图 1-28 对该案例的运行原理进行解释。图中左上角的
"myProgram.java" 相当于本案例中 "HelloWorld.java" 的代码文件；然后通过编译器生成 .class 的
字节码文件，此过程需要使用 javac 命令完成；字节码文件再通过解释器展现在计算机上，也就是在
dos 命令窗口中显示 HelloWorld 文本，此过程需要使用 java 命令实现。

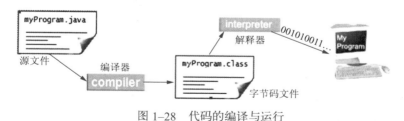

图 1-28　代码的编译与运行

1.2.4　HelloWorld 案例常见问题

完成 HelloWorld 案例的编写运行后，接下来看一下常见的一些问题。其实这些问题主要
是由于开发人员对于编码不太熟练造成的。最常见的问题就是扩展名问题，其次是单词的拼
写以及中文符号问题等。

视 频

HelloWorld
案例常见错误

1. 扩展名问题

必须保证在 Java 中编译和运行的文件扩展名的正确性。若文件的扩展名不正确，则 Java 的 .java 文件无法编译，.class 文件无法运行。

若文件的扩展名存在问题，在对该文件进行编译时，会显示找不到编译的文件，如图 1-29 所示。

```
D:\test1>D:\develop\Java\jdk1.8.0_45\bin\javac HelloWorld.java

D:\test1>D:\develop\Java\jdk1.8.0_45\bin\javac HelloWorld.java
javac: 找不到文件: HelloWorld.java
用法: javac <options> <source files>
-help 用于列出可能的选项

D:\test1>_
```

图 1-29   编译出错信息

2. 单词拼写问题

在编写 Java 代码时，英文单词的拼写必须准确，否则代码虽然可以编译，但由其生成的 .class 文件却无法运行。

例如，在输入代码时，将 main 输入为 mian，对其进行编译时没有问题，能生成 .class 文件。接着再使用 java 命令运行代码，则在 dos 命令窗口中显示"错误：在类 HelloWorld 中找不到 main 方法"的提示，如图 1-30 所示。

```
D:\test1>D:\develop\Java\jdk1.8.0_45\bin\javac HelloWorld.java

D:\test1>D:\develop\Java\jdk1.8.0_45\bin\java HelloWorld
错误: 在类 HelloWorld 中找不到 main 方法, 请将 main 方法定义为:
   public static void main(String[] args)
否则 JavaFX 应用程序类必须扩展javafx.application.Application

D:\test1>
```

图 1-30   单词拼写错误问题

3. 中文符号问题

在输入代码时，标点符号必须是在英文状态下输入的，如果使用中文符号，则 Java 不能识别该符号，会导致编译不通过。

1.2.5　注释

视 频

注释

在制作 HelloWorld 案例时，只有 3 行代码，很方便查看代码的含义。如果输入的代码很多，那么就很难看懂了，此时可以使用注释对代码进行解释说明。

注释，就是用于解释说明的文字。在 Java 语言代码中注释分为 3 类，分别为单行注释、多行注释和文档注释。注释的作用是解释说明程序，提高程序的可读性。下面还是以 HelloWorld 案例中的代码为例，介绍注释的使用方法。

1. 单行注释

在 Java 语言中，用两个斜杠 // 表示单行注释，然后在符号的右侧输入注释的内容。单行注释的内容只能输入在一行内，而且注释的内容不会参与编译和运行，所以可以输入中文也可以输入英文，具体如下。

```
// 单行注释。表示定义了一个类，类名为 HelloWorld
public class HelloWorld{
}
```

2. 多行注释

多行注释则用 /* 表示开始，*/ 表示结束，注释内容在这两个符号之间。比如需要对第 3 行代码进行多行注释，首先输入"/**/"符号，然后在两个星号之间输入注释内容，具体如下。

```
public static void main(String[] args){
    /* 下面这一行代码代表输出 aaaabbbb 字符串 */
    System.out.println("aaaabbbb");
}
```

另外，多行注释可以将注释的内容多行显示，且不影响代码的编译和运行。例如，修改前面的多行注释，让它在多行中显示，具体如下。

```
public static void main(String[] args){
    /* 下面这一行代码
        代表输出
        aaaabbbb 字符串
        后面的；一定要是英文字符
    */
    System.out.println("aaaabbbb");
}
```

在 dos 命令窗口中对代码进行编译和运行，可以看到并不影响运行结果。

> **提示：**
>
> 多行注释还可以对一行代码中间的某个命令进行注释，例如需要注释 void 命令的含义，效果如下所示。
>
> ```
> public static void/*void 表示方法没有返回值 */ main(String[] args){
> }
> ```
>
> 如果使用单行注释，则该行右侧的代码会作为注释的内容，出现错误。

1.2.6 配置环境变量

前面已经介绍了代码中的注释，下面介绍环境变量的配置问题。大家可能都注意到了，前面在对代码进行编译和运行时，都需要输入 javac 和 java 的路径，其实，为了减少输入错误或者提高输入效率，是可以配置环境变量解决这个问题的。

下面介绍为 javac 和 java 配置环境变量的操作方法。

（1）在桌面上双击"此电脑"图标，在打开的界面中右击"此电脑"，在弹出的快捷菜单中选择"属性"命令。在打开的界面中单击"高级系统设置"超链接，打开"系统属性"对话框，在"高级"选项卡中单击"环境变量"按钮，如图 1-31 所示。

（2）打开"环境变量"对话框，单击"系统变量"选项区域中的"新建"按钮，打开"新建系统变量"对话框，设置变量名和变量值，单击"确定"按钮，如图 1-32 所示。

（3）返回"环境变量"对话框，在"系统变量"列表框中选择 Path，单击"编辑"按钮。在打开的"编辑环境变量"对话框中单击"编辑文本"按钮。打开"编辑系统变量"对话框，在"变量值"文本框

视 频

配置环境变量

中路径最左侧输入"%JAVA_HOME%\bin;"，依次单击"确定"按钮即可，如图 1-33 所示。

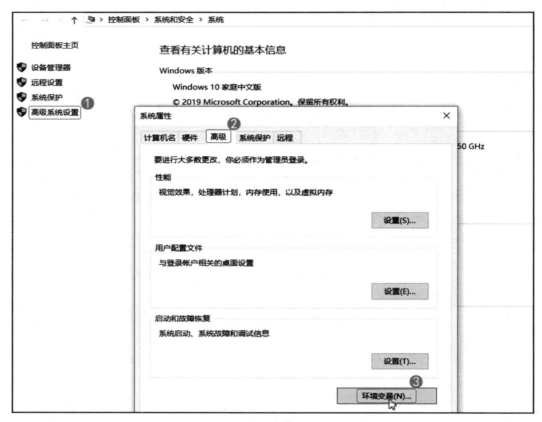

图 1-31　单击"环境变量"按钮

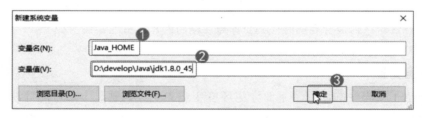

图 1-32　新建系统变量

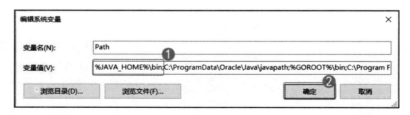

图 1-33　编辑变量值

1.2.7　关键字

关键字是被 Java 语言赋予特殊含义、具有专门用途的单词。比如之前接触的 class、public、static、

void 均为 Java 已经预设好的关键字。关键字的特点是组成关键字的字母全部小写，而且常用的代码编辑器针对关键字有特殊的颜色标记。

Java 语言中的关键字如图 1-34 所示。

用于定义数据类型的关键字				
class	interface	byte	short	int
long	float	double	char	boolena
void				
用于定义数据类型值的关键字				
true	false	null		
用于定义流程控制的关键字				
if	else	switch	case	default
while	do	for	break	continue
return				
用于定义访问权限修饰符的关键字				
private	protected	public		
用于定义类、函数、变量修饰符的关键字				
abstract	final	static	synchronized	
用于定义类与类之间关系的关键字				
extends	implements			
用于定义建立实例及引用实例、判断实例的关键字				
new	this	super	instanceof	
用于异常处理的关键字				
try	catch	finally	throw	throws
用于包的关键字				
package	import			
其他修饰符关键字				
native	strictfp	transient	volatile	assert

图 1-34　Java 语言中的关键字

下面在 Notepad++ 代码编辑器中输入代码，查看关键字的效果。打开代码编辑器并新建文件，然后输入代码，可见 public、class、static 和 void 等关键字的颜色发生了变化，如图 1-35 所示。

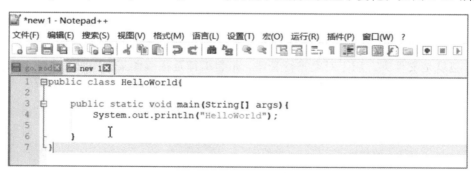

图 1-35　代码编辑器中输入关键字的效果

> **注意：**
> 在保存代码时文件的名称必须和代码中定义的类名一致，如本案例类名为 HelloWorld1，则保存的文件名也必须是 HelloWorld1。

1.2.8 公共类和普通类

公共类就是在 class 前面有 public 修饰的类。公共类的名称要和文件名一致，在同一个 java 文件中只能有一个公共类，可以有多个普通类。

下面通过编写代码创建 HelloWorld1 公共类和两个普通类，普通类的名称分别为"AAA"和"BBB"，相关代码如下。

```java
public class HelloWorld1{
    public static void main(String[] args){
        System.out.println("HelloAAA");
    }
}
class AAA{
}
class BBB{
}
```

然后在 dos 命令窗口中对 HelloWorld1 进行编译，可见文件中公共类和所有普通类均生成 class 文件，如图 1-36 所示。

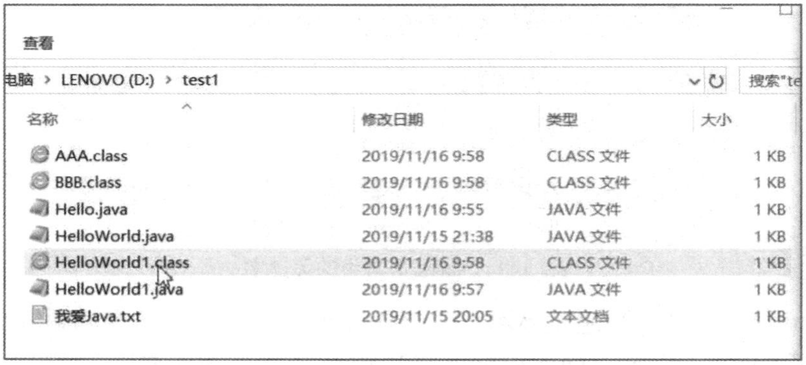

图 1-36　每个类均生成 class 文件

1.2.9 包

包就是文件夹，用于对类进行管理。带包编译是指编译某文件时在文件名前添加相应的字符，格式为：

```
javac -d . 要编译的 .java 文件
```

带包运行是指运行某 class 文件时要输入包名称，其格式为：

```
java  包名 . 要执行的 .class 文件
```

在代码中使用包时，需要在有效代码的第 1 行定义包，表示下一行的文件保存在定义的包中。代码如下。

```java
package com.daojie;
public class MyClass{
    public static void main(String[] args){
        System.out.println("Hello");
    }
}
```

保存代码，在 dos 命令窗口中进行编译，输入"D:\test1>javac -d .MyClass.java"命令，按【Enter】键进行编译。可见在 test1 中没有生成 MyClass 的 class 文件，而是创建 com 文件夹。在 com 文件夹包含 daojie 文件夹，其中生成 MyClass.class 文件，如图 1–37 所示。

图 1–37　带包编译

在 dos 命令窗口中输入带包编译命令，其中"-d"表示创建文件夹；"."表示当前文件夹，所以生成的文件在代码中包的文件夹中。

定义包后，编译需要带包，运行也需要带包，否则运行时显示找不到或无法加载主类 MyClass。例如，若运行以上代码，在 dos 命令窗口中输入"D:\test1>java com.daojie. MyClass"命令，按【Enter】键即可。

通过以上案例可见，包之间通过"."区分，本案例 com 和 daojie 为两个包。需要在有效代码的第 1 行定义包，可以在包命令上一行添加注释。

1.3　常量

视频

常量

常量是指在程序执行过程中，其值不可以发生改变的量。需要注意的是，程序执行过程中常量不变，但在编写过程中是可以改变的。

常量一般可以分为字符串常量、整数常量、小数常量以及字符常量等，下面通过表格形式介绍常量的分类，如表 1–1 所示。

表 1–1　常量的分类

分　类	示　例
字符串常量	双引号中的内容（"HelloWorld"）
整数常量	所有整数（12、–23）
小数常量	所有小数（12.34）
字符常量	单引号中的内容（'a'、'A'、'0'）
布尔常量	较为特殊，只有 true 和 false
空常量	null

在 Notepad++ 代码编辑器中输入代码，分别定义字符串常量、整数常量、小数常量、字符常量以及布尔常量。然后在 dos 命令窗口中进行编译和运行，如图 1–38 所示。

```
1  public class Const{
2
3      public static void main(String[] args){
4
5          // 字符串常量
6          System.out.println("I love java");
7          // 整数常量
8          System.out.println(20);
9          System.out.println(-5);
10
11         // 小数常量
12         System.out.println(3.14);
13         System.out.println(-3);
14
15         //字符常量
16         System.out.println('a');
17
18         // 布尔常量
19         System.out.println(true);
20         System.out.println(false);
21     }
22  }
```

```
D:\test1>javac -d . MyClass.java

D:\test1>java MyClass
错误: 找不到或无法加载主类 MyClass

D:\test1>java com.daojie.MyClass
Hello

D:\test1>javac Const.java

D:\test1>java Const
I love java
20
-5
3.14
-3
a
true
false

D:\test1>
```

图 1-38　定义常量

> **注意:**
>
> 　　在定义字符常量时，单引号中间只能输入 1 个字符，不可以输入多个字符或者无字符，否则在编译过程中会出现错误。字符串常量可以为空。

1.4　变量

● 视频

变量

变量是指在程序执行过程中，在某个范围内其值可以发生改变的量。从本质上讲，变量是内存中存储数据的区域，可以用来存数据和取数据，也可以改变这个数据。

定义变量的格式：

数据类型　变量名 = 初始化值；

1.4.1　变量内存示意图

变量本质是一块内存空间，通过数据类型限制变量的范围。在 Java 的存储区域可以定义一个变量，即可创建一个内存区域，该区域称为变量内存区域。可以对该区域定义名称，如定义为 age，表示在该区域只能输入年龄。当年龄增长 1 岁后，其数值会变化。但变量不是随意变化的，必须在某个范围内，所以需要数据类型进行范围限制。

可以根据定义格式"数据类型 变量名 = 变量值"对年龄进行限制，如限制输入整数年龄，则定义格式为"int age = 10;"，即在该区域中能输入年龄并且数值为整数。可以通过图 1-39 进一步了解变量内存。

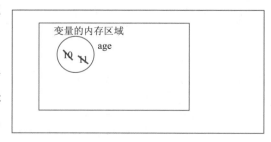

图 1-39　变量内存示意图

1.4.2 标识符

在计算机编程语言中，标识符是用户编程时使用的名字，用于给变量、常量、函数、语句块等命名，以建立起名称与使用之间的关系，之前介绍的变量名就是标识符的一种。在定义标识符名称时要遵循其组成规则，由字符、下画线 "_" 和美元符号 "$" 组成。这里的字符采用的是 Unicode 字符集，包括英文大小写字母、中文字符、数字字符等，但符号只能是下画线和美元符号。注意，标识符不能以数字开头，且不能是 Java 中的关键字。

如果在定义变量时使用数字开头，如 "int 2a = 10;"。在 dos 命令窗口中编译时，则显示 "错误：不是语句" 等文本提示，如图 1-40 所示。

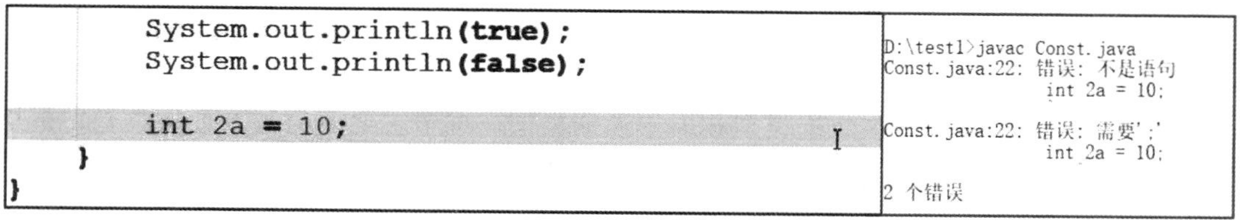

```
System.out.println(true);
System.out.println(false);

int 2a = 10;
}
}
```

```
D:\test1>javac Const.java
Const.java:22: 错误: 不是语句
                int 2a = 10;

Const.java:22: 错误: 需要';'
                int 2a = 10;

2 个错误
```

图 1-40　验证数据开头的变量

如果在定义变量时，使用非下画线和美元符号，如输入 "int a#2 = 10;" 命令，则编译时显示 "错误：非法字符：'#'" 文本，如图 1-41 所示。

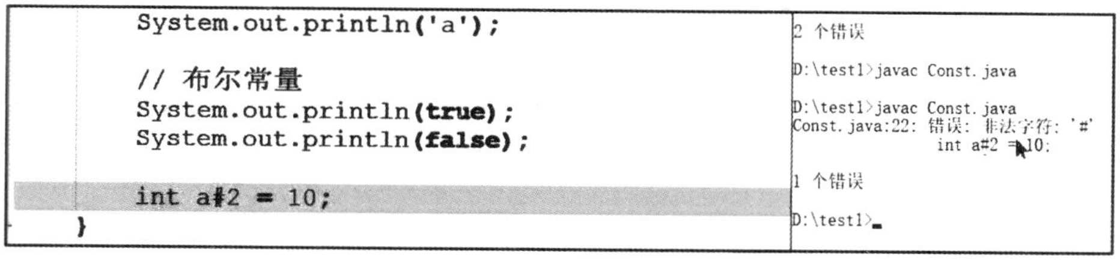

```
System.out.println('a');

// 布尔常量
System.out.println(true);
System.out.println(false);

int a#2 = 10;
}
```

```
2 个错误

D:\test1>javac Const.java

D:\test1>javac Const.java
Const.java:22: 错误: 非法字符: '#'
                int a#2 =10;

1 个错误

D:\test1>_
```

图 1-41　验证 # 符号定义变量

> **注意：**
>
> 在定义各种名称时可以遵守以下规则：
> - 见名知义，定义名称时要使用相关的单词或者标识度高的词语；
> - 定义包时，包名全部小写，各个包之间以点（.）隔开；
> - 定义类时，无论是一个单词还是多个单词，每个单词首字母均要大写；
> - 定义变量和方法时，如果它们的名称只有一个单词，全部小写；如果它们的名称由多个单词组成，则从第二个单词开始，首字母都要大写，其他字母小写；
> - 定义常量时，均使用大写字母，并且使用下画线隔开。

1.4.3 计算机的存储单元

变量是内存中的小容器，用来存储数据。无论是内存还是硬盘，计算机存储设备的最小信息单元称为 "位（bit）"，又称 "比特位"，通常用小写字母 b 表示。计算机最小的存储单元称为 "字节（byte）"，通常用大写字母 B 表示，字节是由连续的 8 个位组成的。

除此之外还有其他存储单元，如 MB、GB、TB 等，那么这些存储单元之间是如何换算的呢？下面介绍具体的换算方式：

1 B=8 b

1 KB=1 024 B

1 MB=1 024 KB

1 GB=1 024 MB

1 TB=1 024 GB

1 PB=1 024 TB

1.4.4 数据类型

在 Java 中数据类型分为基本数据类型和引用数据类型，本节主要介绍基本数据类型，引用数据类型将在后续内容中介绍。基本数据类型分为 4 大类 8 种，如表 1–2 所示。

表 1–2　基本数据类型

四　　类	八　　种	字节数	数据表示范围
整型 （精确）	byte	1	−128~127
	short	2	−32 768~32 767
	int（默认）	4	−2 147 483 648~2 147 483 647
	long	8	$-2^{63}~2^{63}-1$
浮点型 （不精确）	float	4	−3.403E38~3.403E38
	double（默认）	8	−1.798E308~1.798E308
字符型	char	2	表示一个字符，如（'a'、'A'、'0'、' 家'）
布尔型	boolean	1	只有两个值：true 与 false

视频

基本数据类型变量声明和使用

每种数据类型对变量的范围都有限制，如 byte 类型占 1 字节总共占 8 位，即 2^8 为 256，所以 1 字节的数据表示范围是 −128~127。其他基本数据类型对应的字节数和数据表示范围如表 1–2 所示，不再详细介绍。

分别定义 8 种基本数据类型，并输出结果。

小　结

视频

课程总结

通过本章内容的学习，大家了解了 JDK 版本的更迭，可以独立安装 JDK 和配置环境变量。通过编写 HelloWorld 案例，掌握了编译和运行的使用方式，并对代码编写有了一个初步的印象。最后，希望大家能掌握变量和常量的使用方式，为以后的学习打好基础。

习 题

一、选择题

1. 下列用来编译 Java 文件的命令是（　　　）。

　　A. java　　　　　　　　　B. javac　　　　　　　　　C. javadoc

　　D. javap　　　　　　　　　E. javah

2. Java 文件编译之后产生的文件的扩展名是（　　　）。

　　A. .java　　　　　　　　　B. .javac　　　　　　　　　C. .class

　　D. .bat　　　　　　　　　　E. .exe

3. 对于 Test.class 文件而言，能够正确运行出结果的命令是（　　　）。

　　A. javac Test.class　　　　B. javac Test　　　　　　C. java Test.class

　　D. java Test　　　　　　　E. javap Test.class

4. Java 程序能够跨平台的基础是（　　　）。

　　A. JDK　　　　　　　　　　B. JRE　　　　　　　　　　C. JVM

　　D. SDK　　　　　　　　　　E. J2SE

5. 下列说法正确的是（　　　）。

　　A. 一个 .java 文件中只能有一个类

　　B. class 文件的文件名和 Java 文件的文件名对应

　　C. 一个 Java 文件中可以有多个公共类

　　D. 没有主函数，程序依然能够编译

　　E. 即使没有主函数，程序也可以运行

6. 下列各项中是 Java 关键字的是（　　　）。

　　A. const　　　　　　　　　B. String　　　　　　　　C. System

　　D. main　　　　　　　　　　E. finalize

7. 下列各项中可以用作标识符的是（　　　）。

　　A. string　　　　　　　　　B. Int　　　　　　　　　　C. S$S

　　D. ___　　　　　　　　　　E. cn.tedu.bigdata

8. 下列关于注释的说法正确的是（　　　）。

　　A. Java 中注释一共只有两种格式：单行注释、多行注释

　　B. 单行注释之间可以嵌套

　　C. 多行注释之间不能嵌套

　　D. 文档注释中的内容可以利用 javadoc 命令进行提取

　　E. 文档注释可以嵌套多行注释

二、填空题

1. Java 源程序文件的扩展名是_____，Java 字节码文件的扩展名是_____。

2. Java 程序实现可移植性，依靠的是_____。

3. Java 语言的三个分支是_____、_____和_____。

三、简答题

1. 简述 Java 实现可移植性的基本原理。

2. 简述 Java 中 Path 的作用。

3. 简述 Java 中标识符的组成原则。

4. 如果在一个 Java 源文件中定义了一个公共类和三个普通类，那么编译该 Java 源文件会产生多少个字节码文件？

5. 对于代码：

```
package cn.tedu.day01;
public class HelloWorld {
    public static void main(String[] args){
        System.out.println("Hello World !");
    }
}
```

①假设这个代码在 hello.java 文件中，那这个程序能否编译通过？为什么？如果通不过应该如何修改？

②假设这个 .java 文件放在 C:\javafile 目录下，该如何运行这个 Java 文件？

第 **2** 章

类型转换和运算符

视 频

课程介绍和变
量的注意事项

学习目标

- 理解精度损失的含义。
- 掌握精度损失出现的原因。
- 掌握进制间的转换规则。
- 理解运算符和表达式概念。
- 掌握 Java 中的运算符规则。

本章将学习 Java 语言的类型转换和运算符，这是本章的重点。但本章只对一些基本的运算符进行介绍，还有一些高级的运算符将在第 3 章中进行讲解。

2.1 类型转换

在变量的使用过程中经常出现一些错误，这些错误是怎么出现的？在变量的使用过程中需要注意什么呢？下面我们来看看。

2.1.1 变量注意事项

在用 Java 语言编程的过程中，使用变量时有 3 个注意事项：

- 变量如果没有进行赋值，是不可以直接使用的；
- 变量只有在自己所属的作用域之内才有效；
- 一行代码中可以一次性定义多个相同类型的变量并且赋值，但是不推荐使用。

而所谓作用域，指的是从变量定义的一行开始，至所在的大括号结束之间的区域。

下面举例说明。首先定义一个整数变量 num1 并赋值为 10，语句为 "int num1 = 10;"，然后编译和运行，结果正常。

若将代码中的 = 号和 10 删除，然后再进行编译，显示 "错误：可能尚未初始化变量 num1"，如图 2-1 所示。这就说明变量必须赋值，否则会报错。

若输出语句在定义变量代码行的上方，然后编译，显示 "错误：找不到符号" 和 "符号：变量 num2"，如图 2-2 所示。

变量 num2 的作用域是变量定义所在的第 12 行到第 14 行，而输出语句在第 11 行，不在变量

num2 的作用域内，所以编译出现错误。

另外，若在一行中定义多个整数变量，虽然在编译和运行时均不会出现错误，但是会降低代码的可读性，所以不推荐。

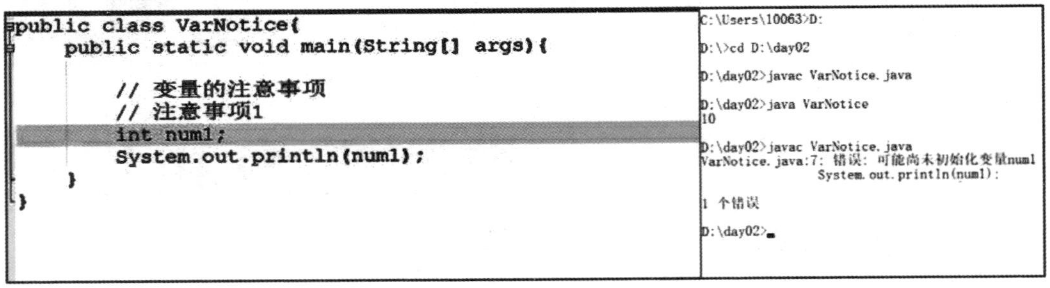

图 2-1　变量未赋值

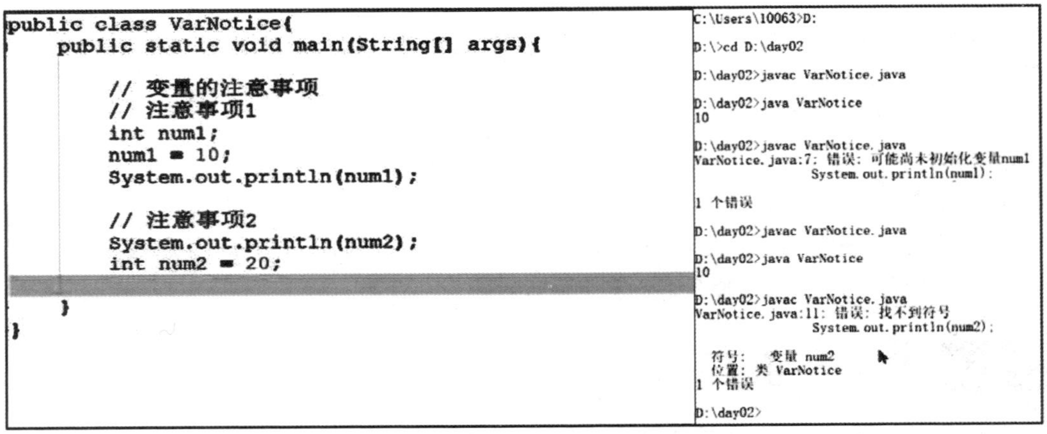

图 2-2　变量超出作用域

自动类型转换和强制类型转换

2.1.2　舍入误差

舍入误差（Round-off error）是指运算得到的近似值和精确值之间的差异。在 Java 语言中多数的小数运算是不能获取精确值的。

例如，定义浮点型的变量 num3，代码为"double num3 = 3 - 2.09;"，然后编译运行，输出结果为 0.9100000000000001，如图 2-3 所示。可见在 Java 中计算小数时是有误差的，因为当小数太长时，在 Java 中是没有办法进行精确计算和精确存储的。

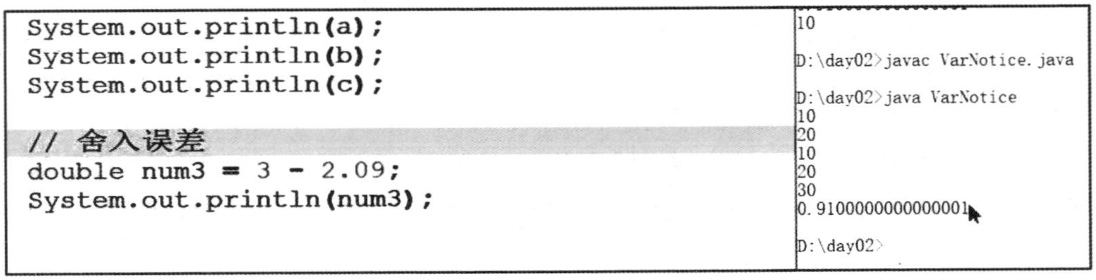

图 2-3　舍入误差现象

2.1.3 类型转换分类

类型转换是将一个值从一种类型更改为另一种类型的过程。它分为两大类，分别为自动类型转换和强制类型转换。自动类型转换又称隐式类型转换，它是由范围小的数据类型转换为范围大的数据类型，系统将自动执行；强制类型转换又称显式类型转换，它是由范围大的数据类型转换为范围小的数据类型。

两种类型的数据类型转换都有各自的特点，自动类型转换的特点是自动完成转换，不需要程序员特殊处理。强制类型转换的特点是需要特殊处理，否则可能编译不通过。

下面举例说明。首先创建 Demo01 公共类，然后输入“long num1 = 100”命令，如图 2–4 所示，编译和运行后，输出结果为 100。

```
public class Demo01{

    public static void main(String[] args){

        // 类型转换分为自动类型转换和强制类型转换
        // 自动类型转换：由范围小的数据类型转换为范围大
        // 特点：不需要特殊处理
        long num1 = 100;
        System.out.println(num1);
    }
}
```

图 2–4 自动类型转换

从命令中可见，等号左侧数据类型为 long，而等号右侧的数值 100 的默认数据类型为 int，但由于 int 类型的范围小，long 类型的范围大，所以自动将 int 类型转换为 long 类型了。

注意：

在自动类型转换中整数都可以转换为对应的浮点型，但是可能会出现一些误差。

接着验证一下强制类型转换。输入“int num2 = 300L;”命令，编译运行，则出现“错误：不兼容的类型；从 long 转换到 int 可能会有损失”等文本提示，这是因为 num2 为 int 类型，300L 为 long 数据类型，从数据范围大的类型转换为数据范围小的类型，会报错。

所以从范围大的数据类型转换为范围小的数据类型时，必须经过特殊处理，此时必须强制类型转换，格式为：

```
范围小的数据类型 变量名 = （范围小的数据类型）范围大的数据类型；
```

比如将上面的命令修改为“int num2 = (int)300L;”，再进行编译和运行，输出结果为 300，如图 2–5 所示。

```
        // 强制类型转换:由范围大的数据类型转换为范围小的
        // 特点：需要写代码明确转换的数据类型,否则报错
        // 格式：范围小的数据类型 变量名 = (范围小的数据
        // int = long    long(大)->int(小)
        int num2 = (int)300L;
        System.out.println(num2);
    }
}
```

```
D:\day02>javac Demo01.java

D:\day02>java Demo01
100
300

D:\day02>javac Demo01.java
Demo01.java:14: 错误: 不兼容的类型:
        int num2 = 300L;

1 个错误

D:\day02>javac Demo01.java

D:\day02>java Demo01
100
300

D:\day02>
```

图 2–5 强制类型转换结果

● 视频

类型转换扩展

2.1.4　精度损失

通过强制类型转换确实可以将范围大的数据类型转换为范围小的数据类型，但请注意，当数值在范围小的数据类型的范围之内时，是不会出现错误的，但当数值在其范围之外时，强制类型转换的输出结果就会有误差，这就是精度损失。

强制类型转换可能会出现精度损失的问题，且将小数强转为整数时，会直接将小数部分舍弃，此时也会出现精度损失。

首先介绍强制类型转换出现的精度损失问题。例如，要将 6000000000 这一 long 类型数据转换为 int 类型数据，输入命令"int num3 = (int)6000000000L;"，对代码进行编译和运行，可见都没有问题，但是输出结果却为 1705032704，和定义的值不一致，如图 2-6 所示。

```
// 强制类型转换:由范围大的数据类型转换为范围小的
// 特点：需要写代码明确转换的数据类型，否则报错
// 格式：范围小的数据类型 变量名 = (范围小的数
// int = long     long(大)->int(小)
int num2 = (int)300L;
System.out.println(num2);

// long(大) -> int(小)
int num3 = (int)6000000000L;
System.out.println(num3);
}
}
```

图 2-6　强制类型转换出现的精度损失

这是为什么呢？我们知道，long 类型的数据是 8 字节的，数据范围是 $-2^{63} \sim 2^{63}-1$，int 类型的数据是 4 字节的，数据范围是 $-2\,147\,483\,648 \sim 2\,147\,483\,647$，6000000000 这个数值已经超出了 int 数据类型的数据范围，超出的数据会损失掉，输出结果出现错误。所以使用强制类型转换时，一定要考虑精度损失的问题。

下面介绍小数转为整数时的精度损失问题。输入命令"int num4 = (int)3.4;"，将 double 类型转换为 int 类型，输出结果为 3，直接舍弃了小数部分，如图 2-7 所示。

```
System.out.println(num2);

// long(大) -> int(小)
long num3 = 6000000000L;
System.out.println(num3);// 1705032704

// double(大) ->int(小)
int num4 = (int)3.4;
System.out.println(num4);
}
}
```

图 2-7　小数转为整数时的精度损失

注意：
将小数强转为整数时，会直接将小数部分舍弃，并不是四舍五入。例如本案例将 3.4 修改为 3.6，则输出的结果仍为 3。

2.1.5 编码

编码是信息从一种形式或格式转换为另一种形式的过程，成为计算机编程语言的代码，简称编码。接下来分别对 ASCII、ISO 8859-1、GBK 和 UTF-8 等几种常用的编码进行介绍。

ASCII 为美国标准信息交换码，用 1 字节的 7 位表示，总共有 128 个，包含了英文的大小写字母、常用符号和数字。

ISO 8859-1 为拉丁码表，用 1 字节的 8 位表示。ISO 8859-1 以 ASCII 为基础，在空置的范围内，加入 192 个字母及符号。

随着科技的发展，中文也需要码表，此时出现了 GBK 和 UTF-8。它们的英文均占 1 字节，GBK 的中文占 2 字节，UTF-8 的中文占 3 字节。中文在不同的编码中占的字节数是不同的，这也是中文会出现乱码的原因。

ASCII 码表如图 2-8 所示。

ASCII值	控制字符	ASCII值	控制字符	ASCII值	控制字符	ASCII值	控制字符
0	NUT	32	(space)	64	@	96	`
1	SOH	33	!	65	A	97	a
2	STX	34	"	66	B	98	b
3	ETX	35	#	67	C	99	c
4	EOT	36	$	68	D	100	d
5	ENQ	37	%	69	E	101	e
6	ACK	38	&	70	F	102	f
7	BEL	39	'	71	G	103	g
8	BS	40	(	72	H	104	h
9	HT	41	)	73	I	105	i
10	LF	42	*	74	J	106	j
11	VT	43	+	75	K	107	k
12	FF	44	,	76	L	108	l
13	CR	45	-	77	M	109	m
14	SO	46	.	78	N	110	n
15	SI	47	/	79	O	111	o
16	DLE	48	0	80	P	112	p
17	DCI	49	1	81	Q	113	q
18	DC2	50	2	82	R	114	r
19	DC3	51	3	83	X	115	s
20	DC4	52	4	84	T	116	t
21	NAK	53	5	85	U	117	u
22	SYN	54	6	86	V	118	v
23	TB	55	7	87	W	119	w
24	CAN	56	8	88	X	120	x
25	EM	57	9	89	Y	121	y
26	SUB	58	:	90	Z	122	z
27	ESC	59	;	91	[	123	{
28	FS	60	<	92	/	124		
29	GS	61	=	93	]	125	}
30	RS	62	>	94	^	126	~
31	US	63	?	95	—	127	DEL

图 2-8　ASCII 码表

ASCII 码表中总共包含 128 个字符，当然不需要全部记住，只需要记住特殊的几个符号，然后根据顺序计算即可。需要记住的符号有 0 对应 48、A 对应 65、a 对应 97，如果要计算 d 的 ASCII 值，则直接用 a 对应的 97 加上 3 即可。

2.1.6 类型转换扩展

前面介绍了数据类型转换的相关内容，包括舍入误差、精度损失和编码等，下面进一步介绍一些类型转换的扩展知识。

byte/short/char 类型的数据，在运算时会自动提升为 int 类型的数据，字符在参与运算时已经转换为了对应码表的数字。

byte/short/char 类型的数据，如果右边的值没有超出范围，那么 Java 会自动强制类型转换，如果超出范围则不会。

举例说明。首先定义一个 byte 类型数据 b=10，然后再输入命令"byte result1 = b + 1;"，在编译时出现"错误：不兼容的类型；从 int 转换到 byte 可能会有损失"文本信息，如图 2-9 所示。

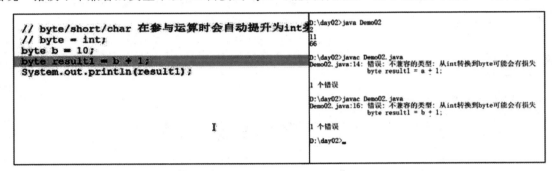

图 2-9　byte 类型参与计算的效果

本例中 b 为 byte 类型，在参与加法运算时自动提升为 int 类型，从 int 类型转换为 byte 类型属于强制类型转换，此时没有遵循强制类型转换格式，所以出现问题。只需要将命令"byte result1 = b + 1;"修改为"byte result1 = (byte)(b + 1);"即可。

下面验证自动强制类型转换问题。输入"byte c = 20;"命令，并编译运行，结果正常，如图 2-10 所示。

图 2-10　将 int 类型自动强制转换为 byte 类型

该命令是将 int 类型转换为 byte 类型，属于强制类型转换，右边的值没有超出 byte 类型的范围，那么 Java 会自动补上强制类型转换。如果超出 byte 类型的范围，在编译时会报错。

> **注意：**
> 在介绍数据类型转换时，介绍了 7 种数据类型的转换，而 boolean 类型具有特殊意义，不能进行类型转换。

● 视频

类型转换面试题分析

 练一练

以下代码能否编译成功？为什么？

（1）char ch1 = 97; short ch2 = 'a';

（2）char ch1 = 97; short ch2 = 'a'; short ch2 = ch1。

2.1.7 进制

进制就是进位计数制，是人为定义的带进位的计数方法。在生活中有很多进制，如一周7 天、1 小时 60 分钟、1 分钟 60 秒等，在计算机中使用的是二进制。除此之外还包括八进制、十进制和十六进制，下面介绍各种进制的含义。

视 频

进制的分类和转换

- 二进制（bin）：由 0~1 组成，满 2 进 1，以 0b 作为二进制的标识。
- 八进制（oct）：由 0~7 组成，满 8 进 1，以 0 作为八进制的标识。
- 十进制（dec）：由 0~9 组成，满 10 进 1。
- 十六进制（hex）：由 0~9、a~f 组成，满 16 进 1，以 0x 作为十六进制的标识。十六进制中的 a~f，不区分大小写。

在计算机中常用的是二进制、十进制和十六进制，其中：二进制是用于计算机存储和计算的；十六进制可用于表示一个对象在内存中的地址。

2.1.8 进制转换

进制转换是将一种进制的数字转换为另一种进制的数字。数字的表示形式虽然改变了，但是数字的值并没有变。

之前介绍的 4 种进制，它们之间是可以相互转换的，如十进制转换为二进制、二进制转换为十进制、十进制转换为其他进制、二进制转换为八进制、八进制转换为二进制、二进制转换为十六进制、十六进制转换为二进制等。下面介绍进制转换的方法。

1. 十进制转换为二进制

十进制转换为二进制是将十进制数不断除以 2 取余，然后将余数倒排序即可，例如将十进制数 6 转换为二进制，具体算法如下。

$$
\begin{array}{r|l|l}
2 & 6 & 0 \\
\hline
2 & 3 & 1 \\
\hline
2 & 1 & 1 \\
\hline
& 0 &
\end{array}
$$

将十进制数 6 除以 2，余数为 0，结果为 3；再将 3 除以 2，余数为 1，结果为 1；再将 1 除以 2，余数为 1，结果为 0。计算结束后将余数倒排，则二进制数值为 0b110。

2. 二进制转换为十进制

二进制转换为十进制是从低位次起，按位次乘以 2 的位次幂，然后求和。例如二进制的 0b110 转换为十进制，具体方法如下。

$110 = 0 \times 2^0 + 1 \times 2^1 + 1 \times 2^2 = 0+2+4 = 6$

二进制 0b110 转换为十进制后数值为 6。

3. 十进制转换为其他进制

十进制转换为其他进制的方法和转换为二进制的方法类似，十进制向哪个进制转换就除以哪个进制，然后取余倒排即可。例如，将十进制转换为八进制，将数值除以 8 并取余数，最后将所有余数倒排即可。

4. 二进制转换为八进制

二进制转换为八进制是从低位次起，每 3 位为一组，产生一个八进制数字，最高位不足 3 位时补 0，3 位以内按照二进制向八进制的转换规则进行运算，产生的八进制数字按顺序排列即可。下面将二进制 0b10011101 转换为八进制，具体方法如下：

$$10011101$$

按 3 位分组

$$\underline{010} \quad \underline{011} \quad \underline{101}$$

二进制转八进制   2   3   5

首先将二进制数按 3 位分组，然后将每组数据转换为八进制，则二进制数字 0b10011101 转换为八进制的值为 0235。

5. 八进制转换为二进制

八进制转换为二进制，其方法与二进制转换为八进制相反，将每位八进制数转换为 3 位二进制数，然后将这些二进制数按顺序排列即可。例如将八进制数 0235 转换为二进制数，具体方法如下：

将每位数转为二进制数   2   3   5

   010   011   101

将八进制每位数转换为二进制数，然后将二进制数按顺序排列，八进制数 0235 转换为二进制数为 0b10011101。

6. 二进制转换为十六进制

二进制转换为十六进制其实是四变一的过程，操作方法与二进制转换为八进制方法一致。例如，将二进制数 0b110111011 转换为十六进制。

$$110111011$$

按 4 位分组

$$\underline{0001} \quad \underline{1011} \quad \underline{1011}$$

二进制转十六进制   1   B   B

首先将二进制数从右向左按 4 位分组，不足以 0 补全，然后将每组二进制数转换为十六进制数，最后按顺序排列即可。所以二进制数 0b110111011 转换为十六进制数为 0x1BB。

7. 十六进制转换为二进制

十六进制转换为二进制是一变四的过程，与二进制转换为十六进制相反，在此不再详细说明。

2.1.9 原码、补码和反码

视频

原码反码和补码

原码 (true form) 是一种计算机中对数字的二进制定点表示方法。

补码是计算机把减法运算转换为加法运算的关键编码。

反码通常是用来由原码求补码或者由补码求原码的过渡码。

Java 中的数据底层都是使用数据的补码形式存储和计算的。正数的原码、补码和反码都相同；负数的反码是符号位不变，其他位取反；负数的补码是符号位不变，在反码的基础上加 1。

在介绍负数的反码和补码时，涉及符号位，符号位一般放在最高位，常用 0 作为正数，用 1 作为负数。

下面以 3 和 -3 为例计算它们的原码、反码和补码，具体方法如下：

十进制数 3 转换为二进制数为 0b11，因为正数的原码、反码和补码都相同，所以十进制数 3 的原码、反码和补码均为 0000 0011。十进制数 -3 的原码为 1000 0011，因为最高位 1 表示负数；负数的反码是符号位不变，其他位取反，所以 -3 的反码为 11111100；负数的补码是在反码的基础上加 1，所以 -3 的补码为 1111 1101。

计算 -5 的原码、反码和补码。

视 频 ●
原码反码和补码课程练习

2.2 运算符（一）

运算符是对变量和常量进行运算的符号。表达式是使用运算符将常量或者变量连接起来的式子。

2.2.1 运算符分类

运算符分为算术运算符、赋值运算符、关系运算符、逻辑运算符、三目运算符和位运算符几种，其中三目运算符又称三元运算符。下面介绍算术运算符、自增自减运算符、赋值运算符和关系运算符。

视 频 ●
运算符介绍

2.2.2 运算符的使用

下面分别介绍各种运算包含的符号以及各种符号的含义，再来看一看运算符的实际应用。

1. 算术运算符

Java 中的算术运算符包含 +、-、*、/、% 几种，表 2-1 所示为算术运算符的含义和示例。

视 频 ●
算术运算符

表 2-1　算术运算符

运算符	含　义	示　　例
+	加	12+3=15
-	减	12-3=9
*	乘	12*3=36
/	除	12/3=4
%	取余数	12%5=2

下面举例说明 5 种算术运算符的应用，如图 2-11 所示。

> **注意：**
> 在使用算术运算符时，0 不能作为除数。而且两数相除时，无论是分母还是分子包含小数，则结果也为小数；而它们均为整数时，则结果也为整数。比如，本例中 10.0 除以 3，由于 10.0 含小数，所以结果为 3.333，包含多个小数；而 3 除以 2，由于 3 和 2 均为整数，所以输出结果也为整数 1。而对负数取余时，结果和表达式左边数字的符号一致，另外，小数也可取余。

2. 自增自减运算符

自增自减运算符包括 ++、-- 两种，可以放在变量前面，也可以放在变量后面。它们可以独立使用，也可以混合使用。

独立使用时，自增自减运算符放在变量前面和后面没有区别，都是对变量进行加 1 或者减 1 操作。

```
public class Demo06{
    public static void main(String[] args){
        // 算数运算符分为  +   -   *   /  %
        // +
        int a = 10;
        System.out.println(a + 1);

        // -
        int b = 20;
        System.out.println(b - 10);

        // *
        int c = 30;
        System.out.println(c * 10);

        // /
        double num1 = 10.0;
        int num2 = 3;
        System.out.println(num1 / num2);


        System.out.println(3 / 2);

        // %
        System.out.println(10 % 3);
    }

}
```

```
D:\day02>java Demo06
11
10
300
3.3333333333333335
1.5

D:\day02>javac Demo06.java

D:\day02>java Demo06
11
10
300
3.3333333333333335
1

D:\day02>javac Demo06.java

D:\day02>java Demo06
11
10
300
3.3333333333333335
1
1

D:\day02>_
```

图 2-11　算术运算符的应用

下面举例说明。首先定义一个整数变量 a 为 10，输入 "a++" 命令，编译运行后，结果为 11，相当于对变量 a 进行加 1 运算。如果输入 "a--" 命令，则编译运算的结果为 9，相当于对变量 a 进行减 1 运算，如图 2-12 所示。那么，如果输入 "++a" 或者 "--a" 命令呢？结果是一样的，即独立使用时，自增自减运算符放在变量前面和后面没有区别。

```
        // 格式：可以放在变量前面，也可以放在变量后面
        int a = 10;
        // 对于独立使用，放在变量前面和后面没有区别。都
        a--;
        System.out.println(a);
    }
}
```

```
0.20000000000000018
NaN
Infinity
-Infinity
66
HelloWorld123
ch1 = A

D:\day02>javac Demo07.javba
错误: 仅当显式请求注释处理时
1 个错误

D:\day02>javac Demo07.java

D:\day02>java Demo07
11

D:\day02>javac Demo07.java

D:\day02>java Demo07
9

D:\day02>
```

图 2-12　自增自减运算符的应用

自增自减运算符混合使用时，如果运算符 ++（--）在变量前面，那么首先变量自身加 1（减 1），然后根据加 1（减 1）后的结果进行使用；如果运算符 ++（--）在变量后面，则先对变量进行使用，然后变量自身加 1（减 1）。

例如，定义整数变量 num1 为 20，然后编译运行并输出结果，如图 2-13 所示。

可见 "System.out.println(num1++);" 运行的结果为 20，因为运算符 ++ 与输出语句混合使用，++ 在变量的后面，所以运算后才对变量加 1，也就是说输出结果为 20，但输出后 num1 的值已经变为 21 了。

```
        // 对于混合使用
        // 如果是++(--)在变量前面，那么首先变量自身加1,
        // 如果是++(--)在变量后面，那么是先对变量进行使
        int num1 = 20;
        System.out.println(num1++);
        System.out.println(++num1);
    }
}
```

图 2–13　混合使用效果

然后再运行"System.out.println(++num1);"语句，运算符 ++ 在变量前面，需要先对变量进行加 1 处理，此时 num1 为 21 再加 1，则为 22，输出结果也为 22。

视频
赋值运算符

3. 赋值运算符

赋值运算符包括 +=、-=、*=、/= 和 %= 运算符。

下面举例说明它们的应用。定义一个整数变量 a=10，计算 a += 3 的值，编译运算后结果为 13，如图 2–14 所示。

```
public class Demo08{
    public static void main(String[] args){
        // 赋值运算符 =
        // +=  -=  *=  /=  %=
        int a = 10;
        a += 3;
        System.out.println(a);
    }
}
```

图 2–14　+= 赋值运算符的应用

在介绍本例的结果之前，先了解 += 的含义，本例中 a += 3 的等式，其实就是 a=a+3，所以本例的结果为 13。其他赋值运算符的原理和 += 一样，如 b*=2 就是 b=b*2，其他运算符不再详细介绍。

另外，赋值运算符默认包含一个强制类型转换操作。如图 2–15 所示，虽然 num1 为 short 数据类型，20 为 int 数据类型，输出结果仍然为 30，就是因为赋值运算符默认包含一个强制类型转换操作。

下面介绍连等赋值的概念。定义整数变量 c=4，d=c+=c-=c*=c，计算 d 的值，编译运行后输出结果为 -8，如图 2–16 所示。

视频
连等赋值

在使用多个赋值运算符时，也应当遵循运算的优先级别，在该等式中应当先算 *=，所以 d=c+=c-=c*=c=4+=4-=4*=4=4+=4-=16=8-=16=-8。

```
        // a += b 相当于 a = a + b 只是多了一个隐含的强
        short num1 = 20;
        num1 += 10;
        System.out.println("num1 = " + num1);
    }
}
```

D:\day02>java Demo08
13

D:\day02>javac Demo08.java

D:\day02>java Demo08
13
60

D:\day02>javac Demo08.java

D:\day02>java Demo08
13
60
num1 = 30

D:\day02>

图 2-15　隐含的强制类型转换

```
        // a += b 相当于 a = a + b 只是多了一个隐含的强
        short num1 = 20;
        num1 += 10;// num1 = (short)(num1 + 10);
        System.out.println("num1 = " + num1);

        int c = 4;
        int d = c += c -= c *= c;
        System.out.println(d);
    }
}
```

D:\day02>java Demo08
13
60
num1 = 30

D:\day02>javac Demo08.java

D:\day02>java Demo08
13
60
num1 = 30
-8

D:\day02>

图 2-16　连等赋值

● 视频

关系运算符

4. 关系运算符

关系运算符包括 ==、!=、>=、<=、> 和 < 运算符，其最终结果都是布尔类型。各运算符的含义如表 2-2 所示。

表 2-2　关系运算符

运算符	含　义
==	比较左右两方是否相等
!=	比较左方是否不等于右方
>=	比较左方是否大于或等于右方
<=	比较左方是否小于或等于右方
>	比较左方是否大于右方
<	比较左方是否小于右方

下面举例说明关系运算符的应用。定义整数变量 a=10、b=20 和 c=10，输出命令为 System.out.printIn(a==c)，结果如何？因为 a 和 c 的值都为 10，它们是相等的，所以返回 true，如图 2-17 所示。

另外，关系运算符 >= 和 <= 中，>= 运算符表示左侧数值大于或等于右侧数值则返回 true，否则返回 false，<= 运算符的含义和 >= 运算符类似。其他运算符的应用不再举例说明。

```java
public class Demo09 {
    public static void main(String[] args) {
        // 关系运算符：最终结果是boolean类型
        // == != >    <    >=    <=
        int a = 10;
        int b = 20;
        int c = 10;
        System.out.println(a == c);

    }
}
```

```
8
D:\day02>javac Demo08.java

D:\day02>java Demo08
13
60
num1 = 30
7

D:\day02>javac Demo08.java

D:\day02>java Demo08
13
60
num1 = 30
6

D:\day02>javac Demo09.java

D:\day02>java Demo09
true

D:\day02>_
```

图 2-17　== 运算符的应用

小　结

视频

课程总结

　　通过本章内容的学习，大家掌握了变量使用时的注意事项，以及 Java 中类型转换和运算符的应用。其中类型转换是本节课程的重点和难点，自增自减运算符是运算符知识点中的难点，常见于企业面试和证书考试中，一定要多多练习。熟练掌握基础运算符的使用，将为接下来学习高级运算符打好基础。

习　题

一、选择题

1. 下列关于计算机常量的说法正确的是（　　　　）。

   A. "2" 是整数常量
   B. 2.0 是整数常量
   C. '2' 是字符常量
   D. "2.0" 是小数常量
   E. '2.0' 是小数常量

2. 3.15e2 表示的数据是（　　　　）。

   A. 3.15×2
   B. 3.15×2^{-2}
   C. 3.15×2^{2}
   D. 3.15×10^{-2}
   E. 3.15×10^{2}

3. 下列各项可以正确赋值的是（　　　　）。

   A. int i = 'a';
   B. float f = -2;
   C. byte b = 128;
   D. double d = 100d;
   E. char c = 97;

4. 下列各项能够正确编译的是（　　　　）。

   A. byte b = 5; b = b + 1;
   B. byte a = 3,b = 5; byte c = a + b;
   C. byte b = 127; b ++;
   D. byte b = 127; b += 3;
   E. byte b = 5; b += 'a';

5. 下列代码：

```
public class Test {
    public static void main(String[] args){
        System.out.println(1.0 / 0);
    }
}
```

的运行结果是（　　）。

A. 0　　　　　　　　　　　　　　　　B. Infinity

C. -Infinity　　　　　　　　　　　　　D. NaN

E. 运行时报错

6. 下列说法正确的是（　　）。

A. 2 + 3 + "a" 的结果是 23a　　　　　　B. 'a' + 2 + 3 的结果是 a23

C. 2 + 'a' + 3 的结果是 2a3　　　　　　D. 2 + 'a' 的结果是 99

E. "a" + true 的结果是 atrue

二、简答题

1. 简述常量与变量的区别。

2. 有如下代码：

```
int a = 5;
int b = (a++) + (--a) +(++a);
```

执行完之后，b 的结果是多少？

3. 一家商场在举行打折促销，所有商品都进行 8 折优惠。一位程序员把这个逻辑写成：

```
short price = ...;                    // 先计算出原价
short realPrice = price * 8 / 10;     // 再计算出打折之后的价格
```

问：这段代码是否正确？如果正确，假设 price 为 100，那计算之后的 realPrice 值为多少？如果不正确，应该怎么改正？

4. 分别计算 7 和 -9 的原码、反码、补码。

第 **3** 章
运算符和流程控制语句

 学习目标

- 掌握 Java 中的逻辑运算符。
- 理解短路效果的含义。
- 掌握位运算的算法。
- 熟练使用三目运算符。
- 熟练流程控制语句结构。

第 2 章学习了部分基础运算符的相关知识后，本章介绍逻辑运算符、位运算符和三目运算符的相关知识。之前所学的代码都是顺序结构的，是逐行执行的，但如果需要跳过某行代码或有选择地执行，就需要使用到流程控制语句了，因此本章还会对流程控制语句进行介绍。

3.1 运算符（二）

上面学习了算术运算符、自增自减运算符、赋值运算符和关系运算符的相关知识，接下来介绍逻辑运算符、位运算符和三目（三元）运算符等。

3.1.1 逻辑运算符

逻辑运算符一般用于连接 boolean 类型的表达式或者值，分为 &（与）、|（或）、!（非）和 ^（异或）4 种运算符。

1. 与（&）运算符

与（&）运算符，表达式或者值全部为 true 时，则返回的结果为 true ；只要有一个为 false，则结果为 false。下面举例说明，输入如下代码：

```java
public class Operator01{
    public static void main(String[] args){
        System.out.println(true & false);
        System.out.println(true & 5 > 3);
        System.out.println(30 == 30 & 31 > 29 & 13 < 29);
    }
}
```

在 dos 命令窗口中编译并运行，结果分别为 false、true 和 true，如图 3-1 所示。

```
D:\day03>javac Operator01.java

D:\day03>java Operator01
false
true
true

D:\day03>_
```

图 3-1   与运算符的应用

代码 "System.out.println(true & false);" 中与运算符左侧为 true，右侧为 false，其中有一个 false，所以返回结果为 false；"System.out.println(true & 5 > 3);" 左侧为 true，右侧 "5>3" 返回的结果为 true，所以返回结果为 true；"System.out.println(30 == 30 & 31 > 29 & 13 < 29);" 中 3 个关系的结果均为 true，所以返回的结果也为 true。

2. 或（|）运算符

在或（|）运算符中，只要有一个表达式或者值为 true，那么结果就是 true；如果全部是 false，结果为 false。下面举例说明，输入如下代码：

```java
public class Operator01{
    public static void main(String[] args){
        System.out.println(true | false);
        System.out.println(30 > 31 | 40 <= 100);
        System.out.println(30 > 34 | 39 < 18);
    }
}
```

代码 "System.out.println(true | false);" 中左侧为 true，所以结果为 true；"System.out.println(30 > 31 | 40 <= 100);" 中左侧结果为 false，右侧结果为 true，所以返回结果为 true；"System.out.println(30 > 34 | 39 < 18);" 中左右两侧结果均为 false，所以返回结果为 false。

3. 异或（^）运算符

在异或（^）运算符中，左右两侧的表达式或者值相同时返回 false，不同时返回 true。下面举例说明，输入如下代码：

```java
public class Operator01{
    public static void main(String[] args){
        System.out.println(true ^ true);
        System.out.println(false ^ true)
    }
}
```

编译运行后，"System.out.println(true ^ true);" 左右两侧均为 true，所以返回结果为 false；"System.out.println(false ^ true);" 左侧为 false，右侧为 true，所以返回结果为 true。

4. 取反（!）运算符

取反（!）又称非，只能用于连接一个布尔类型的值，将 true 变为 false，将 false 变为 true。下面举例说明，对应代码如下：

```java
public class Operator01{
    public static void main(String[] args){
        System.out.println(!true);
        System.out.println(!false);
    }
}
```

编译运行后，可以看到，"System.out.println(!true);"语句的返回结果为 false，"System.out.println(!false);"语句的返回结果为 true。

在使用逻辑运算符时，也可以写成双与（&&）、双或（||）的形式，与 & 和 | 的结果完全一样，只是 && 和 || 的效率更高。因为使用双与、双或会出现短路效果，即如果左边已经可以判断出最终结果，那么右边代码就不再执行了。下面举例说明 && 和 & 的区别，相关代码如下。

```
public class Operator01{
    public static void main(String[] args){
        int a = 200;
        System.out.println(3 > 4 & ++a < 1000);
        System.out.println(a);            // 201
        int b = 200;
        System.out.println(3 > 4 && ++b < 1000);
        System.out.println(b);            // 200
    }
}
```

使用 & 运算符时，定义整数变量 a=200，"System.out.println(3 > 4 & ++a < 1000);"和"System.out.println(a);"，编译运行后返回结果为 false 和 201。当使用 & 时，需要运行左右两侧代码，左侧 3>4 结果为 false，右侧 ++a<1000 结果为 true，所以返回 false；++a 代码被运行，所以返回 201。

使用 && 运算符时，定义变量 b=200，其他不变，可见输出结果为 false 和 200。使用 && 时会出现短路效果，当判断左侧 3>4 结果为 false 时，就已经可以确定返回的结果为 false 了，也就不需要再执行右侧代码了。再输出 b 时，因为没有执行 ++b，所以 b 为 200，由此可见使用 && 可以提高代码的运行效率。这就是短路效果的应用。

3.1.2 位运算符

视频
位运算

位运算符的使用前提是要把数据转换为二进制的补码形式，包括 &（与）、|（或）、^（异或）、<<（左移）、>>（右移）、>>>（无符号右移）和 ~（取反）。

在位运算符中包括与、或和异或 3 种运算符，逻辑运算符也包括与、或和异或 3 种运算符，它们有什么不同呢？逻辑运算符是针对两个或多个关系运算符进行逻辑运算的，关系运算符的结果只有 true 和 false；位运算符主要针对两个二进制数的位进行逻辑运算，只能针对整数进行运算。

1. 按位与（&）

按位与运算符"&"是双目运算符，其功能是参与运算的两数各对应的二进位相与。只有对应的两个操作数中位均为 1 时，结果才为 1，否则为 0。下面举例说明，相关代码如下：

```
public class Opeartor02{
    public static void main(String[] args){
        System.out.println(1 & 1);
        System.out.println(1 & 2);
    }
}
```

下面通过竖式介绍按位与运算符的运算过程，首先介绍"Sysetm.out.println(1 & 1);"的运算过程。

$$1 \quad \& \quad 1$$

转为二进制

$$0001 \quad \& \quad 0001$$

按位与返回结果 $\quad 0001 \quad \longrightarrow \quad 1$ 转为十进制

在运算过程中首先将数据转换为二进制，然后按位与返回结果，按照相同位上的数都为 1 时返回

1，否则返回 0 的规则返回值为 0001，最后再将该数据转换为十进制数 1。

接着介绍 "Sysetm.out.println(1 & 2);" 的运算过程。

$$转为二进制 \qquad \begin{matrix} 1 & & \& & & 2 \\ 0001 & & \& & & 0010 \end{matrix}$$

$$按位与返回结果 \qquad 0000 \longrightarrow 0 \ 转为十进制$$

在运算过程中首先将数据转换为二进制，然后按位与返回结果，按照相同位上的数都为 1 时返回 1，否则返回 0 的规则返回值为 0000，最后再将该数据转为十进制数 0。

根据按位与的说明，可以得到如下推论。

推论 1：任意一个数 & 一个偶数，结果一定是偶数。因为在二进制中偶数的最后一位数肯定是 0，0 与上任意数结果还是 0，那么最后一位是 0，则结果肯定是偶数。

推论 2：任意一个数 &1，如果结果是 0，这个数一定是偶数。

2. 按位或（|）

按位或运算符 "|" 是双目运算符，其功能是参与运算的两数各对应的二进位相或。只要对应的两个二进位有一个为 1 时，那么结果就是 1，否则为 0。下面举例说明，相关代码如下。

```
public class Opeartor02{
    public static void main(String[] args){
        System.out.println(3 | 2);
    }
}
```

下面通过竖式介绍按位或运算符的运算过程，以 "Sysetm.out.println(3 | 2);" 为例进行介绍，具体如下。

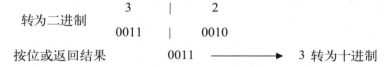

$$转为二进制 \qquad \begin{matrix} 3 & & | & & 2 \\ 0011 & & | & & 0010 \end{matrix}$$

$$按位或返回结果 \qquad 0011 \longrightarrow 3 \ 转为十进制$$

在运算过程中首先将数据转换为二进制，然后按位或返回结果，按照两个二进位有一个为 1，结果为 1，否则为 0 的规则，返回值为 0011，最后再将该数据转为十进制数 3。

根据按位或的说明，可以得到如下推论。

推论 1：任意一个数 | 一个奇数，结果一定是奇数。

推论 2：与 0 或的结果还是自身。

3. 异或（^）

按位异或运算符 "^" 是双目运算符，其功能是参与运算的两数各对应的二进位相异或。当两对应的二进位相异时，结果为 1，否则为 0。下面举例说明，相关代码如下。

```
public class Opeartor02{
    public static void main(String[] args){
        System.out.println(3 ^ 1);
    }
}
```

下面通过竖式介绍异或运算符的运算过程，以 "Sysetm.out.println(3 ^ 1);" 为例进行介绍，具体如下。

$$3 \quad \wedge \quad 1$$

转为二进制   0011   ∧   0001

按位返回结果   0010 ⟶ 2   转为十进制

首先将数据转换为二进制，然后按位异或返回结果，按照两对应的二进位相异时，结果为 1，否则为 0 的规则，返回值为 0010，最后再将该数据转为十进制数 2。

4. 左移（<<）

左移运算符"<<"是双目运算符，其功能是把"<< "左边的运算数的各二进位全部左移若干位，由"<<"右边的数指定移动的位数，高位丢弃，低位补 0。左移 n 位就是乘以 2 的 n 次方，它是更底层的指令集。下面举例说明，相关代码如下。

```java
public class Opeartor02{
    public static void main(String[] args){
        System.out.println(3 << 2);
    }
}
```

下面通过竖式介绍左移运算符的运算过程，以"Sysetm.out.println(3 << 2);"为例进行介绍，具体如下。

$$3$$

转为二进制   0000 0011

向左移两位   0000 1100 ⟶ 12 转为十进制

将十进制数 3 转换为二进制数 00000011；然后向左移两位 000011，相当于删除最左侧两个 0；再在右侧补两个 0，为 00001100；再转为十进制数 12。

以上为运算过程，按照左移的含义：3 左移 2 位，就是用数字 3 乘以 2 的 2 次方，即 $3 \times 2^2 = 3 \times 4 = 12$。

5. 右移（>>）

右移运算符">>"是双目运算符，其功能是把">>"左边的运算数的各二进位全部右移若干位，">>"右边的数指定移动的位数。右移 n 位就是除以 2 的 n 次方，低位丢弃，高位补位（正数补 0，负数补 1）。下面举例说明，相关代码如下。

```java
public class Opeartor02{
    public static void main(String[] args){
        System.out.println(5 >> 1);
    }
}
```

下面通过竖式介绍右移运算符的运算过程，以"Sysetm.out.println(5 >> 1);"为例进行介绍，具体如下。

$$5$$

转为二进制   0000 0101

向右移1位   0000 0010 ⟶ 2   转为十进制

将十进制数 5 转换为二进制数 00000101；然后向右移一位为 0000010，相当于丢弃了最右侧一个 1；再在左侧补一个 0，为 00000010，再转为十进制数 2。

> **注意：**
>
> 在右移的时候，如果是负数，一定要先转换为补码，再进行计算。正数右移会越移越小，接近于 0；负数右移会越移越大，接近于 –1。

6. 无符号右移（>>>）

无符号右移和右移类似，但是最高位空出之后，无论是正数还是负数，都补 0。

7. 取反（~）

取反运算符 ~ 为单目运算符，具有右结合性。其功能是对参与运算的数的各二进位按位求反。即将数字转换为二进制后，1 变 0，0 变 1，然后最高位按照 –128 计算，其余位按照二进制向十进制的转换规则计算。如果最高位是 0，那么不用计算。下面举例说明，相关代码如下：

```
public class Opeartor02{
    public static void main(String[] args){
        System.out.println(~3);
    }
}
```

下面通过竖式介绍取反运算符的运算过程，以 "Sysetm.out.println(~3);" 为例进行介绍，具体如下。

$$3$$

转为二进制　　　　　0000 0011

转换　　　　　　　　1111 1100

–128+64+32+16+8+4

–4

按照以上原理计算比较麻烦，其实取反也有计算规律：~i=-i-1，本例为 –3–1=–4。

● 视频
三目运算符

3.1.3 三目（三元）运算符

三目运算符是计算机语言的重要组成部分，它是唯一有 3 个操作数的运算符，所以又称三元运算符。

格式：

数据类型　变量名 = 判断条件 ？ 表达式 A ： 表达式 B；

如果判断条件成立，那么将表达式 A 的结果赋值给等式左边变量；如果判断条件不成立，那么将表达式 B 的结果赋值给等式左边变量。下面举例说明，相关代码如下：

```
public class Operator03{
    public static void main(String[] args){
        int a = 10;
        int b = 20;
        int c = a > b ? 30 : 40;
        System.out.println(c);
    }
}
```

上面定义整数变量 a=10，b=20，"int c = a > b ? 30 : 40;" 相当于 "int c = 10 > 20 ? 30 : 40;"，表示如果 10>20 为 true，则 c=30；如果 10>20 为 false，则 c=40。因为 10>20 条件为 false，所以 c=40。

> **注意：**
>
> =（等号）左边的数据类型要和右边的表达式 A 和表达式 B 的数据类型一致。

3.2 流程控制语句

流程控制语句用于对程序流程的选择、循环、转向和返回等进行控制，以实现程序的各种结构方式。在程序执行过程中，每条语句的执行顺序对于程序的结果都有直接影响，因此，必须清楚每条语句、每一行代码的执行流程，甚至要控制每一行代码的执行顺序，以实现想要的功能。流程控制语句包括顺序结构、选择结构和循环结构。

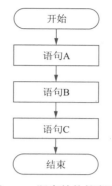

流程控制语句概述和顺序结构

3.2.1 顺序结构

顺序结构是程序中最简单、最基本的流程控制，没有特定的语法结构，按照代码的先后顺序依次执行，程序中大多数代码都是顺序结构的。顺序结构的流程图如图 3-2 所示。

图 3-2 顺序结构流程图

下面举例说明，相关代码如下：

```
public class Demo01{
    public static void main(String[] args){
        System.out.println("A");
        System.out.println("B");
        System.out.println("C");
    }
}
```

输出结果为：

```
A
B
C
```

可以看到，代码是从上到下逐行执行并返回对应结果的。

3.2.2 选择结构

选择结构又称分支结构，用于判断给定的条件，根据判断结果控制程序的流程。

选择结构有特定的语法规则，代码要执行具体的逻辑运算然后进行判断，逻辑运算的结果有两个，所以产生选择，按照不同的选择执行不同的代码。

Java 语言提供了 if 语句和 switch 语句两种选择结构。

if 语句格式一

1. if 语句格式一

格式：

```
if(布尔表达式) {
    语句体；
}
```

当 if 语句的代码只有一句的时候，大括号可以不写，但是建议写上，因为大括号可以让代码的可读性更高。图 3-3 所示为 if 语句格式一的流程图。

从图 3-3 可见，if 语句先执行关系表达式，即小括号中的表达式，其结果为布尔值。如果表达式结果为 true，接着执行语句体，再执行其他语句；如果表达式为 false，会跳过语句体直接执行其他语句。

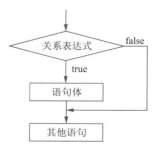

图 3-3 if 语句格式一的流程图

下面举例说明，相关代码如下。

```java
public class Demo02{
    public static void main(String[] args){
        int age = 19;
        if (age >= 18){
            System.out.println("我要去网吧玩游戏");
        }
        System.out.println("回家睡觉");
    }
}
```

首先定义 age 常量为 19，然后使用 if 语句判断年龄是否大于或等于 18，年龄为 19 大于 18，所以执行 if 语句中的语句体，再执行其他语句，输出结果为"我要去网吧玩游戏"和"回家睡觉"。

如果定义 age 常量为 17，因为 17 小于 18，所以只执行其他语句，则编译运行后输出结果为"回家睡觉"。

另外，使用 if 语句时，可以输入多条语句体，如果满足条件可以同时显示多条语句体，相关代码如下。

```java
public class Demo02{
    public static void main(String[] args){
        int age = 20;
        if (age >= 18){
            System.out.println("我要去网吧玩游戏");
            System.out.println("玩 CS 游戏");
        }
        System.out.println("回家睡觉");
    }
}
```

代码中 age=20，而 20 大于 18，所以执行 if 语句的多条语句体，再执行其他语句。编译运行后输出结果为"我要去网吧玩游戏""玩 CS 游戏""回家睡觉"。

● 视 频

if 语句格式二

2. if 语句格式二

格式：

```java
if(关系表达式) {
    语句体1;
} else {
    语句体2;
}
```

在 if 语句格式二中，当关系表达式为 true 或 false 时，均执行不同的语句体，其流程如图 3-4 所示。

从图 3-4 可见，首先执行 if 语句的关系表达式，结果为 true 时执行语句体 1，再执行其他语句；如果表达式结果为 false，则执行语句体 2，再执行其他语句。这就是和 if 语句格式一的区别。

下面举例说明 if 语句格式二的应用。如某些网店会为男生推送机械键盘、鼠标等游戏配件，或为女生推送口红、化妆品等。使用 if 语句格式二可以实现以上需求，相关代码如下。

```java
public class Demo02{
    public static void main(String[] args){
        System.out.println("根据性别推送不同的商品");
```

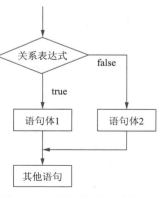

图 3-4 if 语句格式二流程图

```
int I = 1;
if (I == 1){                // 男生
    System.out.println(" 推送机械键盘 ");
}else{                      // 女生
    System.out.println(" 推送口红 ");
}
System.out.println(" 其他语句 ");
```

定义整数 I=1，使用 if 语句判断，如果 I=1，则执行 "System.out.println(" 推送机械键盘 ");" 语句；如果 I=0，则执行 "System.out.println(" 推送口红 ");" 语句；然后再执行其他语句。本例 I=1，所以输出结果为 "推送机械键盘" 文本。

如果定义 I=0，其他代码保持不变，编译运行后输出结果为 "推送口红"。

下面再通过一个例子判断数值的奇偶性，相关代码如下。

```
public class Demo02{
    public static void main(String[] args){
        int num1 = 10;
        if (num1 % 2 == 0){
            System.out.println("num1 是 偶数 ");
        }else{
            System.out.println("num1 是 奇数 ");
        }
    }
}
```

定义 num1=10，if 语句的表达式为 "num1 % 2 == 0"，这是根据偶数的特性编写的表达式，偶数除以 2 余数为 0。当表达式为 true 时表示 num1 为偶数，否则 num1 为奇数。本例 num1=10，所以输出的结果为 "num1 是 偶数" 文本。

3. if 语句格式三

格式：

```
if ( 判断条件 1) {
    执行语句 1;
} else if ( 判断条件 2) {
    执行语句 2;
}
    ...
else if ( 判断条件 n) {
    执行语句 n;
} else {
    执行语句 n+1;
}
```

视频

if 语句格式三

之前介绍的 if 语句格式一和格式二，只能判断一种情况或两种情况，当需要判断多种情况时，就可以使用 if 语句格式三。if 语句格式三的流程图如图 3-5 所示。

从图 3-5 可见，if 语句的判断条件 1 如果是 true，则直接执行语句 1，然后就结束了，不会再判断其他条件。如果判断条件 1 为 false，则会执行判断条件 2，若判断条件 2 为 true，则会执行语句 2 就结束了，若判断条件 2 为 false，会继续执行下一级的判断条件。依此类推，一直循环下去，直到最后一个判断条件 *n*，如果判断条件 *n* 为 true，则执行语句 *n*，如果为 false，则执行语句 *n*+1。

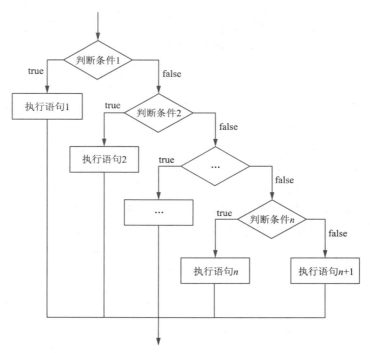

图 3–5　if 语句格式三流程图

键盘录入学生考试成绩，判断学生等级。

要求：

91~100	优秀
81~90	好
71~80	良

61~70　　及格

60 以下　不及格

使用技能：

Scanner 类、if 语句格式三。

4.switch 语句

格式：

```
switch (表达式) {
    case 目标值1:
        语句体1;
        break;
    case 目标值2:
        语句体2;
        break;
    ...
    default:
        语句体 n+1;
```

```
        break;
    }
```

switch 语句中表达式的类型为 byte、short、int 和 char 类型；case 目标值是和表达式比较的值；语句体可以是一行或多行代码；break 表示中断、结束的意思；default 表示以上都不匹配则执行该语句。Switch 语句的流程图如图 3-6 所示。

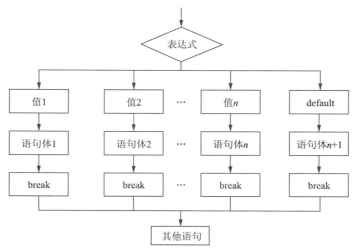

图 3-6　switch 语句流程图

下面举例说明 switch 语句的用法，相关代码如下。

```java
public class Demo04{
    public static void main(String[] args){
        int i = 10;
        switch(i){
            case 2:
                System.out.println("i 的值是 2");
                break;
            case 4:
                System.out.println("i 的值是 4");
                break;
            case 10:
                System.out.println("i 的值是 10");
                break;
            default:
                System.out.println(" 没匹配到 ");
                break;
        }
    }
}
```

代码输入完成后，在 dos 命令窗口中进行编译和运行，其结果是"i 的值是 10"。如果 i 的值没有合适的 case 值进行匹配，则执行 default 语句，例如将 i 值修改为 11，则运行的结果为"没匹配到"。

根据键盘录入的数值 1，2，3，…，7 输出对应的星期一、星期二、星期三、……、星期日。

● 视 频

switch 语句
穿透效果

使用技能：

Scanner 类、switch 语句。

另外，介绍一下 switch 语句的穿透效果。switch 语句的穿透效果是指在 case 语句中如果没有 break，那么从匹配到 case 值的位置开始，一直会向下执行，后面的 case 值不会再进行匹配判断，直接输出相应结果，直到遇到 break 或者 switch 代码执行完毕才结束。例如如下所示代码：

```java
import java.util.Scanner;
public class Practice01{
    public static void main(String[] args){
        Scanner sc = new Scanner(System.in);
        System.out.println("请输入一个 1-7 的整数 ");
        int i = sc.nextInt();
        switch(i){
            case 1:
                System.out.println(" 星期一 ");
                break;
            case 2:
                System.out.println(" 星期二 ");
                break;
            case 3:
                System.out.println(" 星期三 ");
                break;
            case 4:
                System.out.println(" 星期四 ");
            case 5:
                System.out.println(" 星期五 ");
            case 6:
                System.out.println(" 星期六 ");
            case 7:
                System.out.println(" 星期日 ");
            default:
                System.out.println(" 错误，请输入 1-7 的整数！！ ");
                break;
        }
    }
}
```

当程序编译运行之后，输入数字 4，则输出结果为：

```
星期四
星期五
星期六
星期日
错误，请输入 1-7 的整数！！
```

3.2.3　循环结构

循环结构是指在程序中需要反复执行某个功能而设置的一种程序结构。循环语句可以在满足循环条件的情况下，反复执行某一段代码，这段被重复执行的代码称为循环体语句。当反复执行这个循环体时，需要在合适的时候把循环判断条件修改为 false，从而结束循环；否则循环将一直执行下去，形成死循环。

循环语句的组成分为：

●循环变量初始化（初始化表达式）；

●循环出口（布尔表达式）；

●循环逻辑内容（循环体）；

● 视 频

循环概述和
for 循环

• 循环增量（步进表达式）。

1. 循环结构 for

格式：

```
for( 初始化表达式①；布尔表达式②；步进表达式④ ){
    循环体③
}
```

循环结构 for 首先执行初始化表达式，再执行判断条件语句，其结果为布尔值，如果是 true 则执行循环体语句，继续执行控制条件语句，然后又执行判断条件语句，如果结果为 true 再循环一圈，直到判断条件语句的结果为 false，最后执行其他语句。循环结构 for 语句的流程图如图 3-7 所示。

下面举例说明循环结构 for 的用法，相关代码如下。

```java
public class DemoFor{
    public static void main(String[] args){
        for(int i = 1;i <= 100;i++){
            System.out.println("HelloWorld");
        }
    }
}
```

对代码进行编译运行，输出结果为 100 个 HelloWorld。

练一练

统计水仙花数有多少个。

水仙花数是指一个三位数，其每一位数字的立方和等于该数本身。

使用技能：

for 循环。

2. 循环结构 while

格式：

```
初始化表达式①
while( 布尔表达式② ){
    循环体③
    步进表达式④
}
```

循环结构 while 的流程图如图 3-8 所示。

从图 3-8 可见，首先执行初始化语句，再执行判断条件语句，根据其结果分别执行不同的语句，结果为 true 则执行循环体语句，再执行控制条件语句，继续执行判断条件语句，进行循环执行。如果判断条件语句为 false 时，跳出循环执行其他语句。

下面举例说明 while 循环结构，以输入 100 个 HelloWorld 为例，相关代码如下：

```java
public class DemoWhile{
    public static void main(String[] args){
```

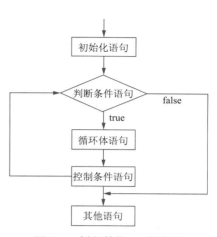

图 3-7　循环结构 for 流程图

视 频

统计水仙花数
有多少个——
for 循环

视 频

while 循环

道捷云
小程序

求水仙花个数

图 3-8　循环结构 while 流程图

```
        int i = 1;
        while (i<= 100){
            System.out.println("HelloWorld");
            i++;
        }
    }
}
```

道捷云
小程序

偶数求和

求出 1~100 之间的偶数和。

使用技能：

while 循环。

3. 循环结构 do-while

格式：

```
初始化表达式①
do{
    循环体③
    步进表达式④
}while(布尔表达式②);
```

视 频

do-while 循环

循环结构 do-while 首先执行初始化语句，再执行循环体语句、控制条件语句，接着执行判断条件语句。如果判断结果为 true，则再返回去执行循环体语句进行循环；如果判断结果为 false，则执行其他语句。循环结构 do-while 语句流程图如图 3-9 所示。

统计水仙花数有多少个。

项目描述：水仙花数是指一个三位数，其每一位数字的立方和等于该数本身。

使用技能：

do-while 循环。

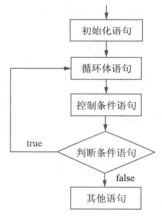

图 3-9　循环结构 do-while 语句流程图

视 频

三种循环的
区别

3.2.4　三种循环的区别

上面介绍的三种循环各有优缺点，它们的区别如下：

（1）do-while 循环至少会执行一次循环体；for 循环和 while 循环只有在条件成立的时候才会执行循环体。

这是因为 for 循环和 while 循环先执行判断条件语句，结果为 true 时才执行循环体语句，结果为 false 时不执行循环体语句；而 do-while 循环是先执行循环体语句，再执行判断条件语句。

下面举例验证 for 循环：

```
public class Demo05{
    public static void main(String[] args){
        for(int i = 1; i< 0;i++){
```

```
            System.out.println("for");
        }
    }
}
```

对代码进行编译运行后，没有任何显示，表示没有运行输出的代码，因为 for 的条件为 false，直接跳出循环。

接着再验证 while 循环，代码如下：

```
public class Demo05{
    public static void main(String[] args){
        inti = 1;
        while( i < 0){
            System.out.println("while");
            i++;
        }
    }
}
```

代码中定义 i=1，while 的条件为 i<0，条件为 false，所以不执行循环语句。

接着再验证 do-while 循环，相关代码如下：

```
public class Demo05{
    public static void main(String[] args){
        int j = 1;
        do{
            System.out.println("do-while");
            j++;
        }while(j < 0);
    }
}
```

程序编译运行后返回 do-while 文本，因为先执行 System.out.println("do-while") 语句后，程序才会执行 while(j < 0) 条件判断语句。

（2）for 循环语句和 while 循环语句的区别，是控制条件语句所控制的变量，在 for 循环结束后，就不能再被访问了，而 while 循环结束还可以继续使用。

如果想继续使用变量，就需要使用 while 循环结构，否则推荐使用 for 循环结构。原因是 for 循环结束后，该变量就从内存中消失了，能够提高内存的使用效率。可以参考上面的程序段。

3.2.5 跳转控制语句

视频

跳转控制语句

Java 支持 3 种跳转语句：break、continue 和 return。这些语句把控制转移到程序的其他部分。

break 表示中断，在选择结构 switch 语句和循环语句中使用，可结束当前循环；continue 表示继续，在循环语句中使用，可结束本次循环，继续下一次循环。

下面举例说明 break 语句的用法，相关代码如下：

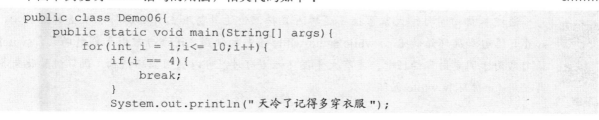

```
public class Demo06{
    public static void main(String[] args){
        for(int i = 1;i<= 10;i++){
            if(i == 4){
                break;
            }
            System.out.println(" 天冷了记得多穿衣服 ");
```

```
            }
         }
      }
```

在代码中如果不包含第 4 ~ 6 行的代码，会输出 10 次"天冷了记得多穿衣服"。当包含这几行代码时，只输出 3 次"天冷了记得多穿衣服"，这是因为当 i=4 时会执行 break，结束循环。

如果将 4 ~ 6 行代码，移至"System.out.println(" 天冷了记得多穿衣服 ");"语句下面。运行后会输出 4 次"天冷了记得多穿衣服"，因为执行完第 4 次输出时，i=4，则执行 break 终止循环，而此时已经执行完 i=4，所以输出 4 次。

下面举例说明 continue 语句的用法，相关代码如下：

```
public class Demo06{
    public static void main(String[] args){
        for(int i = 1;i <= 10;i++){
            if(i == 8){
                continue;
            }
            System.out.println("第" + i + "层到了，请需要的同志下电梯");
        }
    }
}
```

编译运行当前代码后，其结果不显示"第 8 层到了，请需要的同志下电梯"，却显示其他 1~10 的内容，如图 3-10 所示。这就是 countinue 的作用，它将跳过本次循环，继续下一次循环。

```
第1层到了，请需要的同志下电梯
第2层到了，请需要的同志下电梯
第3层到了，请需要的同志下电梯
第4层到了，请需要的同志下电梯
第5层到了，请需要的同志下电梯
第6层到了，请需要的同志下电梯
第7层到了，请需要的同志下电梯
第9层到了，请需要的同志下电梯
第10层到了，请需要的同志下电梯

D:\day03>
```

图 3-10　查看运行结果

注意：

循环是可以嵌套的，break 和 continue 如果在多个循环中，只会作用于当前层次的循环。

小　结

视频

课程总结

通过本章的学习，大家掌握了逻辑运算符、位运算符和三目运算符以及选择结构 if、switch 语句和循环结构 for、while 和 do-while 语句的使用。if 语句常用于判断场景，switch 语句常用于固定内容的匹配。当有大量循环性语句时，可以使用循环结构。循环结构优先推荐使用 for 循环和 while 循环。

习 题

一、编程题

1. 读入一个整数，表示一个人的年龄。如果小于 6 岁，则输出"儿童"，6 ~13 岁，输出"少儿"；14 ~18 岁，输出"青少年"； 18 ~35 岁，输出"青年"； 35~50 岁，输出"中年"； 50 岁以上输出"中老年"。

2. 读入一个整数，如果是 1~5，则分别输出 5 个福娃的名字，否则输出"北京欢迎你"。

3. 输出 9 × 9 乘法表。

二、简答题

对于 int i = 3, j = 5; 请写出能够交换 i 和 j 的值的方式并比较各种方式的优劣。

第4章 数组和方法

学习目标

视频 课程介绍

- 理解 JVM 划分区域的作用。
- 熟练应用 Java 中的数组。
- 熟练使用 Java 中的方法。

本章首先介绍 Java 的数组，包括数组的定义和格式、数组的初始化、数组操作的常见问题及二维数组等内容；另外，还介绍了 Java 方法的概述、定义、调用、重载和参数传递，以及 void 修饰的方法和递归等知识。数组和方法是 Java 基础知识中的核心内容，希望大家可以理解 JVM 划分区域的作用，并熟练使用 Java 中的数组和方法，为后面的学习打下坚实的基础。

4.1 数组

数组是最常见的一种数据结构，是相同类型的、用一个标识符封装到一起的基本类型的数据序列或对象序列。

视频 数组的定义和格式

4.1.1 数组的定义和格式

数组是存储同一种数据类型的多个元素的容器。若将有限个类型相同的变量的集合命名，那么这个名称为数组名。组成数组的各个变量称为数组的分量，又称数组的元素。它是在程序设计中，为了处理方便，把具有相同类型的若干元素按无序的形式组织起来的一种形式。这些无序排列的同类数据元素的集合称为数组。

数组的定义格式：

格式 1：`数据类型 [] 数组名；`

格式 2：`数据类型 数组名 [];`

格式 1 和格式 2 没有本质的区别，只是使用习惯的问题。

视频 动态初始化和访问数组元素

4.1.2 数组的初始化

数组的初始化是为数组中的数组元素分配内存空间，并为每个数组元素赋值。在 Java 中，数组必须先初始化，然后才能使用。

数组的初始化方式分为动态初始化和静态初始化两种。

1. 动态初始化

动态初始化在初始化时只指定数组长度，由系统为数组分配初始值。

动态初始化格式：

数据类型 [] 数组名 = new 数据类型 [数组长度];

其中，数组长度就是数组中元素的个数。例如：

```
public class ArrayDemo01{
    public static void main(String[] args){
        int[] array1 = new int[3];
        System.out.println(array1);
    }
}
```

上面程序段中的语句"int[] array1 = new int[3];"就以动态初始化的形式定义了 int 类型的 array1 数组，其数组长度为 3。但是，当打印该数组名时，输出结果是 [I@659e0bfd。此处定义的 array1 数组是 int 类型的，输出结果为什么不是呢？这就涉及访问数组元素的相关内容了。

2. 访问数组元素

注意，如果直接打印数组名，打印的结果是数组堆内存中的地址。比如上面的例子，打印出来的结果 [I@659e0bfd，其实就是数组在内存中的地址。

那么，如何才能正确打印出数组中的元素呢？这就需要给数组中的元素编号了。

数组中的每个元素都是有编号的，编号从 0 开始，最大的编号是数组的长度减 1。用数组名和编号配合就可以获取数组中指定编号的元素，这个编号称为索引。

访问数组元素的格式为：

数组名 [索引]

下面举例说明访问数组元素的正确方法，相关代码如下。

```
public class ArrayDemo01{
    public static void main(String[] args){
        int[] array1 = new int[3];
        System.out.println(array1[0]);
        System.out.println(array1[1]);
        System.out.println(array1[2]);
    }
}
```

输出结果为：

```
0
0
0
```

因为 int[] array1 = new int[3]; 语句只指定了数组的长度，没有指定数组各元素的值，因此系统会自动分配该数据类型的初始值，而 int 类型的初始值为 0，所以 3 个数组元素输出的值都为 0。

那为什么动态初始化时，int 类型的数据初始值为 0 呢？这就涉及 Java 中的内存分配了，下面来了解一下。

3. Java 中的内存分配

Java 程序运行时，需要在内存中分配空间。为了提高运算效率，可以对空间进行不同区域的划分，每一片区域都有特定的处理数据方式和内存管理方式。Java 中的内存共分为 5 个

视 频

Java 中的内
存分配

57

区域，分别为栈、堆、方法区、本地方法区和寄存器。其中本地方法区和寄存器大概了解即可，在实际开发过程中主要使用栈、堆和方法区。

栈主要用于存储局部变量，当局部变量超出作用域时其内存空间就会被回收；方法区主要存储和类相关的信息；本地方法区与操作系统相关；寄存器与 CPU 相关；堆存储的是 new 出来的内容，内容在堆中，具有一个首地址值，根据数据类型的不同被赋予一个不同的初始化值。堆的这一特性，正是上面的例子输出结果都为 0 的原因。

Java 中堆的初始化值的规则如下：

- byte/short/int 默认值为 0；
- long 类型默认值为 0L；
- float 类型默认值为 0.0F；
- double 类型默认值为 0.0；
- char 类型默认值为 '\u0000'；
- boolean 类型默认值为 false；
- 引用数据类型默认值为 null。

视 频

课程练习

练一练

（1）定义一个数组，输出数组名及元素。然后给数组中的元素赋值，再次输出数组名及元素，并分析内存图。

（2）定义两个数组，先定义一个数组并赋值输出结果。然后在定义第二个数组时把第一个数组的地址赋值给第二个数组，为第二个数组赋值，再次输出两个数组名及元素，并分析内存图。

视 频

静态初始化

4. 静态初始化

静态初始化是在初始化时指定每个数组元素的初始值，由系统决定数组长度。

静态初始化格式：

```
数据类型 [] 数组名 = new 数据类型 []{ 元素值 1, 元素值 2, …};
```

简化格式：

```
数据类型 [] 数组名 = { 元素值 1, 元素值 2, ...};
```

下面举例说明静态初始化的两种格式，对应代码如下：

```java
public class ArrayDemo05{
    public static void main(String[] args){
        // 静态初始化
        int[] array1;
        array1 = new int[]{3,5,8};
        System.out.println(array1);
        System.out.println(array1[2]);
        // 静态初始化简化格式
        int[] array2 = {4,6,9};
        System.out.println(array2);
        System.out.println(array2[2]);
    }
}
```

输出的结果分别为 [I@659e0bfd、8、[I@2a139a55 和 9。

> 🔔 **注意：**
> 静态初始化简化格式不能分开定义和初始化，需要在一行代码中完成。

4.1.3 数组操作的常见问题

视 频 ●┄┄┄┄

数组操作的
常见问题

在学习代码时，不仅要学习代码的编程语法和使用，还要学习代码的调试。当代码出现问题时，会抛出一些信息，这些信息可以快速定位出现问题的代码。那么，数组的操作过程中会出现哪些问题呢？

数组操作的常见问题有以下两种：

1. 数组索引越界异常（ArrayIndexOutOfBoundsException）

在访问到数组中不存在的索引时，会发生数组索引越界异常。

2. 空指针异常（NullPointerException）

当数组引用没有指向对象却在操作对象中的元素时，会发生空指针异常。

下面通过具体例子进行说明，首先介绍数组索引越界异常，相关代码如下。

```java
public class ArrayDemo06{
    public static void main(String[] args){
        int[] arr = {3,4,6,8};
        System.out.println(arr[4]);
    }
}
```

此时代码可以正常编译，但运行会出现问题，如图 4-1 所示。

```
D:\day04>javac ArrayDemo06.java

D:\day04>java ArrayDemo06
Exception in thread "main" java.lang.ArrayIndexOutOfBoundsException: 4
        at ArrayDemo06.main(ArrayDemo06.java:5)

D:\day04>_
```

图 4-1　数组索引越界异常

在代码中定义的数组长度为 4，其索引的最大值为 3，而输出数组元素为 arr[4]，超出了索引的范围，所以出现数组索引越界异常。

继续举例说明空指针异常的情况，相关代码如下：

```java
public class ArrayDemo06{
    public static void main(String[] args){
        int[] arr1 = null;
        System.out.println(arr1[1]);
    }
}
```

对代码编译运行后，会显示错误，如图 4-2 所示。

```
D:\day04>javac ArrayDemo06.java

D:\day04>java ArrayDemo06
6
Exception in thread "main" java.lang.NullPointerException
        at ArrayDemo06.main(ArrayDemo06.java:9)

D:\day04>
```

图 4-2　空指针异常

在代码中定义 int 类型数组时，由于没有在内存中开辟空间，只是赋值 null 是没有数值的，所以出现空指针异常。

视频
课堂案例——
遍历数组

视频
课堂案例——
冒泡排序

道捷云
小程序

数组遍历

（1）遍历数组。

需求描述：依次输出数组中的每一个元素。

使用技能：

for 循环、获取数值长度：数值名 .length。

（2）冒泡排序。

需求描述：使用冒泡排序法为数组排序。

使用技能：

for 循环、if 语句。

视频
课程练习——
获取数组中
的最大值

视频
课程练习——
选择排序

道捷云
小程序

冒泡排序

道捷云
小程序

获取最大值

（3）获取数组中的最大值。

（4）使用选择排序法对数组进行排序。

需求描述：第一次从待排序的数据元素中选出最小（或最大）的一个元素，存放在序列的起始位置，再从剩余的未排序元素中寻找到最小（大）元素，然后放到已排序序列的末尾。依此类推，直到全部待排序数据元素的个数为零。

使用技能：

for 循环、if 语句。

4.1.4　二维数组

二维数组本质上是以一维数组作为二维数组的元素的数组，即"数组的数组"。

视频

二维数组

二维数组的定义格式：

数据类型 [][] 数组名 ;

数据类型　数组名 [][];（不推荐）

数据类型 []　数组名 [];（不推荐）

初始化方式：

数据类型 [][] 变量名 = new 数据类型 [m][n];

其中，m 表示二维数组的长度（二维数组中一维数组的个数）；n 表示二维数组中一维数组的长度。

数据类型 [][] 变量名 = new 数据类型 [][]{{ 元素…},{ 元素…},{ 元素…}};

数据类型 [ ][ ] 变量名 = {{元素…},{元素…},{元素…}};（简化版格式）

下面举例说明二维数组的应用，相关代码如下。

```java
public class ArrayDemo07{
    public static void main(String[] args){
        // 二维数组
        // 动态初始化
        int[][] array = new int[2][3];
        System.out.println(array);
        System.out.println(array[0]);
        System.out.println(array[0][2]);
        array[0][1] = 5;
        System.out.println(array[0][1]);

        // 静态初始化
        int[][] array1 = new int[][]{{1,2},{5,6,7},{3,4,8,9}};
        System.out.println(array1[1][2]);

        // 静态初始化的简化格式
        int[][] array2 = {{1,2},{5,6,7},{3,4,8,9}};
        System.out.println(array2[2][3]);
    }
}
```

代码分别展示了动态初始化和静态初始化，动态初始化中"System.out.println(array);"和"System.out.println(array[0]);"输出的值为"[[I@659e0bfd"和"[I@2a139a55"。左侧两个"["表示二维数组，一个"["表示一维数组。"System.out.println(array[0][2]);"输出的是 array[0] 一维数组中第 3 个值，因为是 int 类型并且没有赋值，所以输出结果为 0。"array[0][1] = 5;"和"System.out.println(array[0][1])"分别为 array[0] 数组中第 2 个元素，赋值为 5，并且输出该元素，所以结果为 5。

在静态初始化代码中定义二维数组和数组元素的值，输出该二维数组中第 2 个一维数组的第 3 个元素的值，输出结果为 7。同理，静态初始化简化格式的代码输出结果为 9。在使用静态初始化的简化格式定义二维数组时，不能分开定义和初始化。

> 📢 **提示：**
>
> 通过以上代码可见，通过静态初始化，二维数组中的一维数组的长度可以不相同。

4.2 方法

在 Java 中使用方法最大的好处是可以进行重复调用，避免输入相同代码机械、重复的工作。本节将介绍方法概述、格式以及调用等内容。

4.2.1 方法概述

假设一个游戏程序在运行过程中，需要不断地发射炮弹。发射炮弹的动作需要编写 100 行代码，并且在每次实现发射炮弹的位置都要重复编写这 100 行代码，这样程序会变得很臃肿，可读性也非常差。

为了解决代码重复编写的问题，可以将发射炮弹的代码提取出来放在一个 {} 中，并为这段代码设置名称，以后在每次发射炮弹的位置通过这个设置的名称来调用发射炮弹的代码即可。

视频 ●

方法的使用

上述过程中，所提取出来的代码可以看作程序中定义的一个方法，程序在需要发射炮弹时调用该方法即可。

4.2.2　方法的定义格式

方法就是完成特定功能的代码块。在很多语言中都有函数的定义，函数在 Java 中就是方法。

方法的定义格式：

```
修饰符 返回值类型　方法名 (参数类型　参数名 1, 参数类型　参数名 2…) {
    方法体；
    return 返回值；
}
```

下面举例说明，代码如下所示：

```java
public class MethodDemo01{
    public static void main(String[] args){
        // 方法是不能嵌套使用的
    }
    // 求两个 int 数字的和的方法
    public static int sum(int a,int b){
        int result = a + b;
        return result;
    }
}
```

上面的程序编译运行之后，没有报错，但却没有输出结果，这是为什么呢？学习完下面的知识你就明白了。

4.2.3　方法的调用

方法没有调用是不会被执行的，这就是上面的程序没有输出结果的原因，而且单独调用方法也是没有意义的，下面介绍求和方法的调用 (有明确返回值)。

使用格式：

```
方法名 ( 参数 ) ;
```

下面进一步举例介绍方法的定义格式和方法的调用，相关代码如下：

```java
public class MethodDemo01{
    public static void main(String[] args){
        int result = sum(10,20);
        System.out.println(result);
    }
    public static int sum(int a,int b){
        int result = a + b;
        return result;
    }
}
```

输出结果为 30，其中 "public static int sum(int a,int b){" 代码用于定义一个求两个 int 数据的和的方法。

🔔 **注意**：

　　在代码中，main 是方法，因为方法不能嵌套使用，所以要在 main 方法之外定义方法。

比较两个数据是否相等。

4.2.4 void 修饰的方法

课程练习——
比较两个值
是否相等

void 是 Java 中的关键字，用于描述没有返回值的方法。没有明确返回值的函数调用，就是 void 类型方法调用，void 只能单独调用。

格式：

```
修饰符 void 方法名 ( 参数类型 参数名 1，参数类型 参数名 2…) {
    方法体；
    return ；
}
```

下面通过一个例子来了解一下 void 修饰的方法。

定义一个方法，打印水仙花数。

需求描述：水仙花数是指一个三位数，其每一位数字的立方和等于该数本身。

使用技能：

方法的定义、for 循环、if 语句。

void 修饰方法

4.2.5 方法的重载

方法重载是指在同一个类中，允许存在一个以上的同名方法，只要它们的参数个数或者参数类型不同即可。

方法重载的特点：

方法的重载

• 与返回值类型无关，只看方法名和参数列表；

• 在调用时，虚拟机通过参数列表的不同来区分同名方法；

• 本质上就是方法在调用时，保证能通过方法名和参数区分要调用的方法。

下面举例理解方法重载的含义，相关代码如下：

```
1  public class OverLoadDemo{
2      public static void main(String[] args){
3          System.out.println(sum(10.0,20.0));
4      }
5      public static int sum(int a,int b){
6          return a + b;
7      }
8      public static int sum(int a,int b,int c){
9          return a + b + c;
10     }
11     public static double sum(double a,double b){
12         return a + b;
13     }
14 }
```

在上面的程序段中，在同一个类中存在相同名称的方法，但它们的参数个数不同，如代码中的第 5~7 行和第 8~10 行；或者参数的类型不同，如代码中的第 5~7 行和第 11~13 行。上面的代码是可以

方法参数传递

编译运行的，但如果在同一个类中方法名称相同，参数的个数和参数类型也相同，则编译时会显示错误信息。

4.2.6 方法的参数传递

参数传递可以理解为在调用一个方法时，把指定的数值传递给方法中的参数，这样方法中的参数就拥有了这个指定的值，可以使用该值在方法中运算。

定义方法时，参数列表中的变量称为形式参数。调用方法时，传递给方法的数值称为实际参数。

方法参数传递的两个注意事项分别为：

其一，基本数据类型（加上 String）形式参数的改变不影响实际参数；

其二，引用数据类型（除了 String）形式参数的改变影响实际参数。

下面举例说明，相关代码如下：

```
1  public class MethodDemo04{
2      public static void main(String[] args){
3          int a = 10;
4          changeA(a);
5          System.out.println(a);
6      }
7      public static void changeA(int a){
8          a *= 10;
9          System.out.println(a);
10     }
11 }
```

对代码进行编译运行后，可以看到返回结果为 100 和 10。其中 100 为 changeA 方法输出的结果，也就是第 9 行代码的输出结果，10 为第 5 行代码的输出结果。也就是说，形式参数的改变不会影响实际参数。

再看下面的例子，相关代码如下。

```
1  public class MethodDemo05{
2      public static void main(String[] args){
3          int[] arr = {1,2,3};
4          change(arr);
5          System.out.println("main");
6          printArray(arr);
7      }
8      public static void change(int[] arr){
9          for (int i = 0;i < arr.length;i++){
10             arr[i] *= 10;
11         }
12         System.out.println("change");
13         printArray(arr);
14     }
15     public static void printArray(int[] arr){
16         for (int i = 0;i < arr.length;i++){
17             System.out.println(arr[i]);
18         }
19     }
20 }
```

编译运行后，结果如图 4-3 所示。

从运行结果可知，在 change 方法中数组比定义的数据增大 10 倍，在 main 方法中数据也增大 10 倍，说明第 2 条注意事项成立。这是因为代码中第 4 行直接传递的是第 3 行 arr 的内存地址，意味着代码中的形式参数和实际参数使用的是同一份内存地址，所以当形式参数改变内存地址中的值时，实际参数也会发生变化。

```
D:\day04>javac MethodDemo05.java

D:\day04>java MethodDemo05'
错误: 找不到或无法加载主类 MethodDemo05'

D:\day04>java MethodDemo05
change
10
20
30
main
10
20
30

D:\day04>_
```

图 4-3   运行结果

视频 ●········
递归

4.2.7 递归

递归（recursion）是指程序调用自身的编程技巧，通俗地讲，方法的递归就是在方法中执行本方法。

下面举例说明，相关代码如下：

```
1  public class MethodDemo06{
2      public static void main(String[] args){
3          int result = recursion(10);
4          System.out.println(result);
5      }
6      public static int recursion(int num){
7          if (num == 1){
8              return 1;
9          }
10         return num + recursion(num - 1);
11     }
12 }
```

在代码的第 10 行中，在方法中调用自身就是递归。对代码进行编译运行后，其结果为 55。

如果将第 3 行中代码的 10 修改为 1000000，则运行时会出现很多问题。因为使用递归可能会出现栈溢出错误（StackOverflowError）。这个知识点同学们可以自行学习，这里不多作介绍。

小 结

视频 ●········
课程总结

通过本章学习，大家掌握了 Java 中数组和方法的定义以及使用方式。数组是一个容器，主要用于在内存中存储数据类型相同的数据，既可以存储基本数据类型，也可以存储引用数据类型。本章介绍的方法都使用 static 修饰，称为静态方法，在后续的面向对象阶段中将学习成员方法，以及 static 关键字的具体含义。

习 题

编程题

1. 给定一个数组，将这个数组中所有元素的顺序进行颠倒。

2. 15 个猴子围成一圈选大王，依次 1~7 循环报数，报到 7 的猴子被淘汰，直到最后一只猴子成为大王。问：哪只猴子会成为大王？

3. 输入一个数字 n，利用递归求出这个 1~n 的和。

第 5 章

面向对象（一）

视频

课程介绍

学习目标

- 能够独立安装 Eclipse。
- 能够使用 Eclipse 删除和导入项目。
- 理解面向对象和面向过程的区别。
- 能够说出成员变量和局部变量的区别。
- 能够理解面向对象的三大特征。

本章首先介绍了 IDE 的历史，以及主流的一些 IDE 和 Eclipse 的安装与使用；然后介绍面向对象的使用，包括面向对象和面向过程的区别、面向对象的思想、类与对象的关系以及如何创建对象等；接着分别介绍了面向对象的三大特征，包括封装、继承和多态。

5.1 IDE

IDE 是一个集成开发环境（Integrated Development Environment），是用于提供程序开发环境的应用程序，一般包括代码编辑器、编译器、调试器和图形用户界面等工具。IDE 是集成了代码编写功能、分析功能、编译功能、调试功能等一体化的开发软件。

视频

IDE–Eclipse
使用

微软的 Visual Studio、Borland 的 C++ Builder 和 IBM 的 Eclipse 都是 IDE，本章主要介绍 IBM 的 Eclipse。

5.1.1 Eclipse

Eclipse 是一个专门针对 Java 的集成开发工具 (IDE)，是 IBM 公司的产品。它是免费、开源、由 Java 语言编写的，所以需要有 JRE 运行环境并配置好环境变量。

Eclipse 可以自动编译程序代码，并检查代码中的错误，帮助程序员调试程序，极大地提升我们的开发效率。

Eclipse 具有如下特点：

- 免费；
- 纯 Java 语言编写；
- 免安装；
- 扩展性强。

1. Eclipse 的安装

（1）Eclipse 是免安装的，下载压缩包后直接解压，然后打开文件夹，双击 eclipse.exe 应用程序，即可直接使用 Eclipse。

（2）在启动过程中会弹出相关对话框，需要设置工作空间的位置。默认情况下保存在 C 盘，单击 Browse 按钮，在打开的对话框中可以重新设置工作空间。若勾选对话框左下角的复选框，则下次打开 Eclipse 时不会弹出该对话框，用户可根据需求选择，然后单击 OK 按钮，如图 5–1 所示。

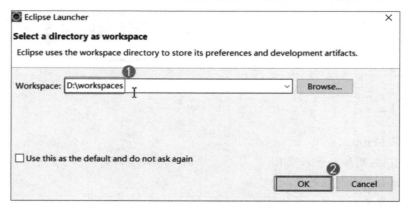

图 5–1　设置工作空间的位置

> **注意：**
> 在安装 Eclipse 时，Eclipse 文件所在的路径中不能出现中文及特殊符号，否则后面会出现很多错误。

（3）稍等片刻，进度条走完即可进入 Eclipse 的欢迎界面，如图 5–2 所示。

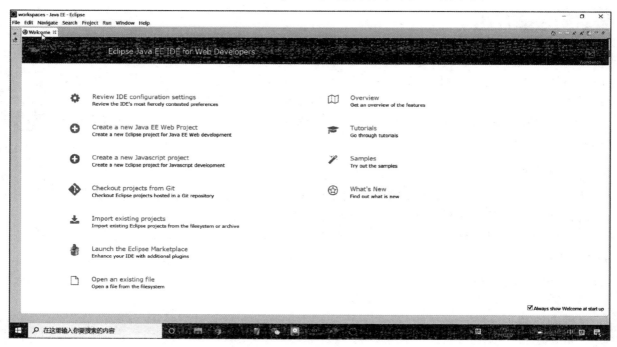

图 5–2　进入欢迎界面

（4）关闭欢迎界面，进入 Eclipse 的工作界面，其中包括工具栏、菜单栏、左侧的项目区域、中间的编写代码区域、右侧的导航区域和下方的控制台，如图 5-3 所示。

图 5-3　Eclipse 工作界面

2. 使用 Eclipse 开发 HelloWorld

（1）在项目区域右击，在弹出的快捷菜单中选择 New → Project 命令。在打开的对话框中选择 Java Project 选项，然后单击 Next 按钮，如图 5-4 所示。

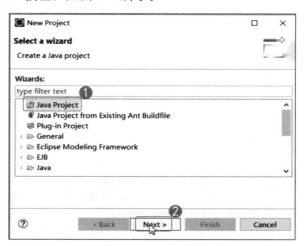

图 5-4　创建 Java Project

（2）在弹出的对话框中设置项目的名称，然后保持其他参数不变，单击 Finish 按钮，如图 5-5 所示。

（3）在弹出的提示对话框中单击 Yes 按钮，即可切换视图。在项目区域展示创建的项目名称，然后右击 src，在弹出的快捷菜单中选择 New → Package 命令，如图 5-6 所示。

（4）打开创建包的对话框，在 Name 文本框中输入包名称，单击 Finish 按钮或按【Enter】键，即可在 src 下方创建包，如图 5-7 所示。

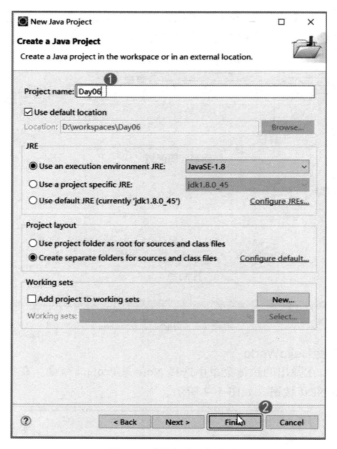

图 5–5　设置项目名称

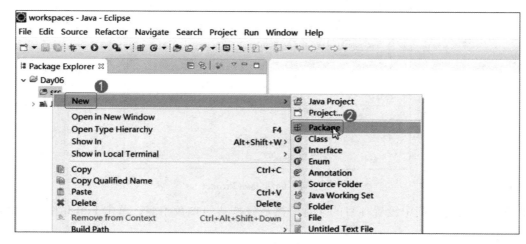

图 5–6　创建包

（5）右击创建的包，在弹出的快捷菜单中选择 New → Class 命令。然后在打开的对话框中设置文件名称为 HelloWorld，按【Enter】键。即可在包的下面创建类文件，并且在编写代码区域创建类，如图 5–8 所示。

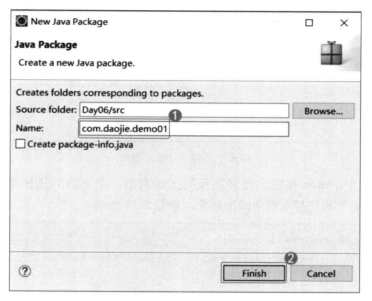

图 5-7 设置包的名称

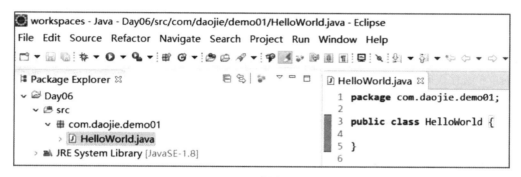

图 5-8 创建文件

(6) 在 Eclipse 中输入 main,然后按【Alt+/】组合键,选择相应的选项后按【Enter】键,即可输入完整的 main 方法,如图 5-9 所示。

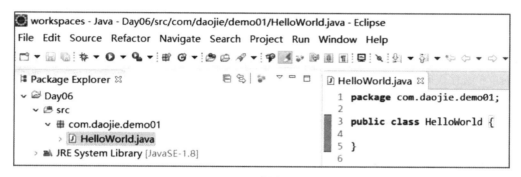

图 5-9 输入 main 方法

(7) 切换至下一行,输入 syso 后,按【Alt+/】组合键,再按【Enter】键自动添加输出语句,然后在小括号内容输入 "HelloWorld",如图 5-10 所示。

```
Package Explorer ⋈                        │ *HelloWorld.java ⋈
 ∨ 🗁 Day06                                  1  package com.daojie.demo01;
    ∨ 🗁 src                                  2
       ∨ ⊞ com.daojie.demo01                 3  public class HelloWorld {
          > 🗗 HelloWorld.java                4      public static void main(String[] args) {
    > 🏛 JRE System Library [JavaSE-1.8]      5          System.out.println("HelloWorld");
                                             6      }
                                             7  }
                                             8
```

图 5–10　输入 / 输出语句

（8）单击工具栏中的 Run 按钮，或者在代码区域右击，在弹出的快捷菜单中选择 Run As →
Java Application 命令，即可在控制台中输出结果，如图 5–11 所示。

```
🔲 Problems  ⊚ Javadoc  🔲 Declaration  🔲 Console ⋈
<terminated> HelloWorld [Java Application] D:\develop\Java\jdk1.8.0_45\bin\javaw.exe (2019年11月29日 上午10:50:28)
HelloWorld

                              I
```

图 5–11　输出结果

> 🔔 **注意：**
>
> 　　Eclipse 可以对代码进行自动编译，在本案例的 bin 文件夹中显示了包的路径，最内侧的文件夹中
> 已经自动生成了 HelloWorld.class 文件。如果输入了不符合 Java 语法的语句，则在代码左侧的行号处
> 会显示红色的叉号，说明编译出现了问题。

视 频

快捷键

5.1.2　Eclipse 的快捷键

　　在输入代码时使用快捷键可以提高开发效率，如在 HelloWorld 案例中使用内容辅助键，
可以快速输入相关代码。下面介绍 Eclipse 中常用的快捷键。

　　1. 内容辅助键：【Alt+/】组合键

　　1）main 方法

　　输入 main，然后按【Alt+/】组合键，再按【Enter】键，即可自动输入 main 方法的语句，
如图 5–12 所示。

```
🗗 *HelloWorld.java ⋈
 1  package com.daojie.demo01;
 2
 3  public class HelloWorld {
 4      public static void main(String[] args) {
 5          |
 6      }
 7  }
 8                         I
```

图 5–12　使用快捷键输入 main 方法语句

2）输出语句

输入 syso，然后按【Alt+/】组合键并按【Enter】键，则自动输入输出语句，如图 5–13 所示。

```
*HelloWorld.java ⊠
1  package com.daojie.demo01;
2
3  public class HelloWorld {
4      public static void main(String[] args) {
5          System.out.println();
6      }
7  }
8
```

图 5–13　使用快捷键输入输出语句

2. 其他快捷键

1）单行注释

选中相关内容，按【Ctrl+/】组合键，即可将选中内容作为单行注释。若再按一次【Ctrl+/】组合键，即可取消单行注释。

2）多行注释

选择相关内容，按【Ctrl+Shift+/】组合键，即可将选中内容作为多行注释。如果要取消多行注释，则选中内容后按【Ctrl+Shift+\】组合键即可（此处注意是反斜杠）。

3）格式化

选中内容，按【Ctrl+Shift+F】组合键可以快捷调整选中代码的格式。

5.1.3　项目的删除和导入

在程序开发过程中会产生很多代码，如果要查看其代码，可以将该项目导入，不需要时也可以将其删除。

视频
项目的删除和导入

1. 删除项目

（1）右击需要删除的项目（如 Day06）在弹出的快捷菜单中选择 Delete 命令，如图 5–14 所示。

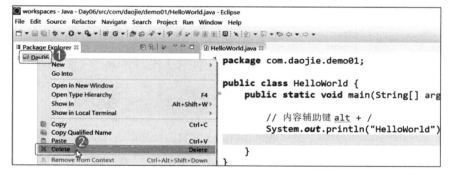

图 5–14　选择 Delete 命令

（2）在打开的对话框中单击 OK 按钮，即可将选中的项目删除，如图 5–15 所示。

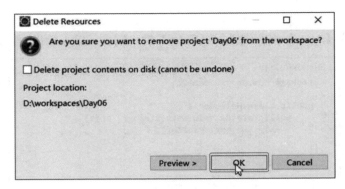

图 5-15　删除项目

> **提示：**
> 在删除项目时，如果在打开的对话框中勾选 Delete project contents on disk 复选框，单击 OK 按钮，则可直接将项目从硬盘中删除。

2．导入项目

（1）在项目区域空白处右击，在弹出的快捷菜单中选择 Import 命令。打开 Import 对话框，在中间区域展开 General，在列表中选择 Existing Projects into Workspace 选项，表示在 Workspace 中已经存在的项目，然后单击 Next 按钮，如图 5-16 所示。

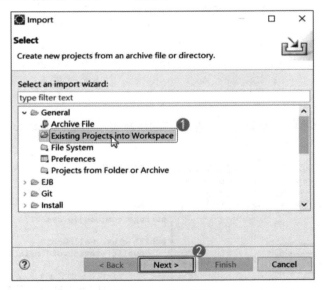

图 5-16　导入项目

（2）进入下一界面，单击 Browse 按钮，打开"浏览文件夹"对话框，在导入项目的路径中选择 Day06 文件夹，单击"确定"按钮，如图 5-17 所示。返回上级对话框，单击 Finish 按钮，即可完成项目的导入操作。

图 5-17 选择导入的项目

5.2 面向对象的使用

Java 是面向对象的高级编程语言，类和对象是 Java 程序的构成核心。本节将介绍面向过程、面向对象、创建对象以及类与对象的关系等内容。

视 频

面向过程和
面向对象

5.2.1 面向过程和面向对象

何谓面向对象？何谓面向过程？这是编程界的两大思想，一直贯穿在我们学习和工作当中。我们知道面向过程和面向对象，但要让我们讲出一个所以然，又感觉不知从何说起，这种茫然，就是对这两大编程思想的迷糊之处。

面向过程开发，其实就是面向具体的每一个步骤和过程，把每一个步骤和过程完成，然后由这些功能方法相互调用，完成需求。面向过程的代表语言是 C 语言。

面向对象开发，就是把相关的数据和方法组织为一个整体来看待，从更高的层次进行系统建模，更贴近事物的自然运行模式。

面向过程和面向对象之间有着很大的区别。面向过程简单直接，易于入门理解，模块化程度较低。而面向对象相对于面向过程较为复杂，不易理解，模块化程度较高。它们的区别可总结为下面三点：

（1）都可以实现代码重用和模块化编程，但是面向对象的模块化更深，数据更封闭，也更安全。因为面向对象的封装性更强。

（2）面向对象的思维方式更加贴近于现实生活，更容易解决大型的、复杂的业务逻辑。

（3）从前期开发角度上来看，面向对象远比面向过程要复杂，但是从维护和扩展功能的角度上来看，面向对象远比面向过程要简单。

5.2.2 面向对象的思想

面向对象是基于面向过程的编程思想。面向过程强调的是每一个功能的步骤；面向对象强调的是对象，然后由对象去调用功能。

面向对象程序设计（Object Oriented Programming，OOP）的主要思想是把构成问题的各个事务分解成各个对象，建立对象的目的不是为了完成一个步骤，而是为了描述一个事物在整个解决问题的步骤中的行为。面向对象程序设计中的概念主要包括：对象、类、数据抽象、继承、动态绑定、数据封装、多态性、消息传递。通过这些概念，面向对象的思想得到了具体体现。

面向对象具有如下特点：

• 是一种更符合人们思考习惯的思想；

• 可以将复杂的事情简单化；

• 将人们从执行者变成指挥者，角色会发生转换。

可以拿人们生活中的实例来理解面向过程与面向对象，比如洗衣服，面向过程的设计思路就是首先分析问题的步骤：①脱衣服；②找个盆，然后放点洗衣粉；③加点水；④泡 10 分钟后开始洗衣服；⑤拧干；⑥晾起来。把上面每个步骤用不同的方法来实现。

而面向对象则是从另外的思路来解决问题，洗衣服可以分为以下几步完成：①脱衣服；②扔到自动洗衣机里；③按下按钮开始自动洗衣服；④洗完后晾干即可。

可以明显地看出，面向对象是以功能来划分问题，而不是步骤。同样是洗衣服，这样的行为在面向过程的设计中分散在了多个步骤中，很可能出现不同的方法，因为通常人们会考虑到实际情况进行各种各样的简化。而面向对象的设计中，洗衣服只可能在洗衣机中进行，从而保证了洗衣服方法的统一。

视 频

类与对象的
关系

5.2.3 类与对象的关系

学习编程语言就是要模拟现实世界的事物，实现信息化，所以需要了解现实事物的属性和行为。其中属性指的是事物的描述信息，行为指的是事物能够做什么。

Java 语言最基本的单位是类，类是一组相关的属性和行为的集合，通过类可以与现实事物产生联系。对象是该类事物的具体体现。

在 Java 中类的属性称为成员变量，行为就是成员方法。所以定义类在 Java 中就是定义成员的变量和方法。

下面举例理解类的使用方法，相关代码如下：

```java
package com.daojie.demo02;
public class Student {
    // 成员变量 --> 在类中，方法外
    // 姓名
    String name;
    // 年龄
    int age;
    // 成员方法
    // 学习
    public void study(){
        System.out.println(" 好好学习，天天向上 ");
    }
    // 吃饭
    public void eat(){
        System.out.println(" 饿了就要吃饭 ");
    }
}
```

在代码中定义 Student 类，该类包含成员变量和成员方法。其中成员变量是在类中方法外的，之前学习的变量是定义在 main 方法中的。

5.2.4 创建对象

类只是描述一类事物的行为和状态，所以类创建完成后，还需要通过创建对象来使用类。
创建对象的格式：

```
类名 对象名 = new 类名();
```

使用对象访问类中的成员：

```
对象名.成员变量;
对象名.成员方法();
```

下面通过具体的例子介绍创建对象的方法，相关代码如下：

```
package com.daojie.demo02;
public class Test {
    public static void main(String[] args) {
        // 创建学生对象
        Student s = new Student();
        System.out.println(s);
        System.out.println(s.name);
        System.out.println(s.age);
        s.name = "周杰伦";
        s.age = 30;
        System.out.println(s.name);
        System.out.println(s.age);
        // 成员方法的调用
        s.study();
        s.eat();
    }
}
```

在代码中根据对象的格式创建对象 s 并进行输出，则结果为包名＋类名＋地址，因此会输出该对象的地址。如果没有为成员变量赋值，则输出姓名为 null、年龄为 0；如果为成员变量赋值了，则输出的结果为赋值的内容。最后我们根据成员方法的调用格式调用 Student 类中的成员方法，该成员方法在"类与对象的关系"一节中定义过，直接调用即可。

视频 ●

创建对象

练一练

定义一个手机类并创建对象。

需求描述：定义一个 Phone 类，成员变量为品牌、价格和颜色，成员方法为打电话和发短信并创建对象调用。

使用技能：

类的定义、创建对象。

视频 ●

课程案例——
定义一个手机
类，并创建对
象

5.2.5 对象的内存

在上述案例中，对象存放于堆中，方法的执行在栈中，类的加载信息在方法区中。堆中的成员变量有默认值。

图 5-18 所示为"定义一个手机类并创建对象"案例的内存应用示意图。

视频 ●

对象的内存

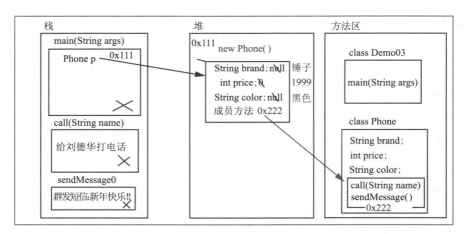

图 5-18　内存应用示意图

在 JVM 中有 3 个区域与实际开发相关，分别为栈、堆和方法区。栈区域存放的是局部变量；堆区域存放创建的对象；方法区存放 .class 文件。理解这 3 个区域后我们再来分析创建对象相关代码的运行原理和内存使用情况。

在方法区包括 class Demo03 和 class Phone 两个类，每个类中包含不同的方法，而 Phone 类中存放着成员变量和成员方法（有地址值）。执行 class Demo03 时，会在栈中开辟 main 方法内存，接着执行 main 下面的代码，首先执行"new Phone()"代码，则在堆里开辟内存空间同时分配首地址值。然后将 Phone 的成员变量复制到对应的内存中，并引用方法区中的成员方法。在堆中，成员变量有一个默认值，引用数据类型默认值为 null，int 数据类型的默认值为 0。在栈中，main 方法区域存放 Phone p，p 的值为该内存空间的首地址值。所以此时输出 p 对应的品牌、价格和颜色的结果为 null、0 和 null。

当对 p 值进行赋值时，就会修改堆中对应的默认值，此时输出对应的品牌、价格和颜色的结果为锤子、1999 和黑色。

然后调用 call 方法，在栈中开辟内存空间并显示结果为"给刘德华打电话"。再根据相同的方法调用 sendMessage 方法，群发短信。

这样，程序的运行全部结束，并释放内存。

5.3　封装

视 频

封装

封装可以被认为是一个保护屏障，防止该类代码和数据被外部类定义的代码随机访问。适当的封装可以让程序代码更容易理解与维护，也加强了程序代码的安全性。

5.3.1　封装的概述和原则

面向对象的三大特征为封装、继承和多态。封装是面向对象编程语言对客观世界的模拟，即一种将抽象性函数接口的实现细节部分包装、隐藏起来的方法。

封装的原则：

• 将不需要对外提供的内容隐藏起来；

• 隐藏属性，提供公共方法对其访问；

• 成员变量用 private 修饰，提供对应的 getXxx()/setXxx() 方法；
• 被 private 修饰的成员只在本类中才能访问。

下面举例理解封装的含义，具体代码如下：

```java
package com.daojie.demo04;
public class Test {
    public static void main(String[] args) {
        Person p = new Person();
        p.setName(" 刘德华 ");
        p.setAge(-20);
        System.out.println(p.getName());
        System.out.println(p.getAge());
    }
}
class Person{
    private String name;
    private int age;
    public void setName(String n){
        name = n;
    }
    public String getName(){
        return name;
    }
    public void setAge(int a){
        if (age < 0){
            age = 18;
        }
        age = a;
    }
    public int getAge(){
        return age;
    }
}
```

虽然赋值姓名为"刘德华"、年龄为"-20"，但执行该代码后返回的姓名却为"刘德华"，年龄为 18，将明显不合理的年龄 -20 的问题处理了。也就是说，可以通过 get 方法对年龄进行限制，当输入年龄小于 0 时，输出结果都为 18，在类外的操作者不能直接访问不想暴露的内容，如果真的想获取和修改这些内容，就只能通过提供的 set 和 get 方法得到，这样就能通过这两个方法判断和控制操作者输入的内容，将问题扼杀在摇篮里面。

5.3.2 this 关键字

在 Java 中，为了解决变量的命名冲突和不确定性等问题，引入关键字 this 代表其所在方法的当前对象的引用：

（1）构造方法中指该构造器所创建的新对象；
（2）方法中指调用该方法的对象；
（3）在类本身的方法或构造器中引用该类的实例变量（全局变量）和方法。

所以，this 关键字可以代表所在类的对象引用，方法被哪个对象调用，this 就代表哪个对象。

this 关键字的使用：
• 局部变量隐藏成员变量（局部变量和成员变量重名）；
• this 语句必须在有效代码的第一行。

视频 ●⋯⋯⋯

this
●⋯⋯⋯

接着封装的案例，在使用 set 方法定义 n 时，如果将 n 修改为 name，则运行结果为 null。因为修改后下一行代码为 name = name，两个 name 都是局部变量，而上面的 private String name 语句中的 name 是成员变量，没有被赋值，所以输出结果为 null。

此时，可以使用 this 关键字对同名的变量进行区分，只需要将 name = name 代码修改为 this.name = name 即可，此时 setName 方法是被上面的 Person 对象调用的，所以此时 this 代表 Person 对象，即 this 相当于 p，p.name = name，而 p.name 是 Person 对象的成员变量，name 是局部变量，会被赋值，所以输出结果为"刘德华"。这就是 this 关键字的作用。

视 频

构造方法

5.3.3 构造方法

构造方法是类的一种特殊方法，用来初始化类的一个新对象，在创建对象（new 运算符）之后自动调用。构造方法的作用是给对象的数据进行初始化。

构造方法的格式：

```
修饰符  构造方法名（参数列表）{
    }
```

注意事项：

• 如果没有提供构造方法，系统会给出默认构造方法；

• 如果提供了构造方法，系统将不再提供；

• 构造方法也是可以重载的。

下面举例说明构造方法的使用，相关代码如下：

```java
package com.daojie.demo05;
public class Test {
    public static void main(String[] args) {
        Person p = new Person();
        p.setName("成龙");
        p.setAge(50);
        System.out.println(p.getName());
        System.out.println(p.getAge());
        p.eat();
    }
}
class Person{
    private String name;
    private int age;
    public void setName(String name){
        this.name = name;
    }
    public String getName(){
        return name;
    }
    public void setAge(int age){
        this.age = age;
    }
    public int getAge(){
        return age;
    }
    public void eat(){
        System.out.println("人都要吃饭");
    }
}
```

在第 4 行 Person p = new Person() 代码中，Person() 其实就是构造方法，它可以初始化对象的数据。

但是在下面的 class Person 类中并没有 Person 方法，怎么可以调用呢？这就是上面提到的第一个注意事项了，如果没有提供构造方法，系统会默认给出一个无参的构造方法。

如果此时在 class Person 类中再创建一个无参的构造方法，相关代码如下：

```
public Person(){
}
```

编译运行后，其输出结果并没有变化。这说明，如果没有提供构造方法，系统会默认给出一个无参的构造方法，但若给出了构造方法，系统则会调用该构造方法，不再提供无参的构造方法。

下面举例说明构造方法的重载，在 class Person 类中添加代码如下：

```
public Person(String name){
    this.name = name;
}
```

此时构造方法 Person(String name) 和无参的构造方法 Person() 同名，但参数类型不一样，那么这时创建对象会调用哪个构造方法呢？发现还是调用在 class Person 类中创建的无参构造方法 Person()，因为创建对象调用方法时，调用的就是无参构造方法。但如果将 "Person p = new Person();" 代码修改为 "Person p = new Person(" ");"，则会调用构造方法 Person(String name)，因为明确说明了要调用字符串类型（" "）的构造方法，而构造方法 Person(String name) 就是字符串类型的。所以，调用方法时可以通过传递不同的参数类型来决定具体使用哪个方法。这也就证明了，构造方法也是可以重载的。

也可以通过一个构造方法对两个成员变量同时进行初始化，在 class Person 类中添加代码如下：

```
public Person(String name,int age){
    this.name = name;
    this.age = age;
}
```

然后创建对象，代码如下：

```
Person p3 = new Person(" 吴京 ",45);
System.out.println(p3.getName());
System.out.println(p3.getAge());
```

编译运行代码之后，输出结果为"吴京"和 45。也就是说，通过一个构造方法 Person(String name,int age) 对两个成员变量同时进行了初始化。

标准学生类代码编写和测试。

需求描述：

定义一个学生类，包含成员变量、构造方法和成员方法。成员变量提供 set、get 方法，构造方法包含无参和全参的构造方法。

使用技能：

定义类、创建对象。

5.3.4 构造代码块和局部代码块

1. 构造代码块

构造代码块就是在类中方法外的 {}，对象一创建就运行，而且优先于构造方法运行。构造代码块中定义的是不同对象共性的初始化内容。

视 频 ●┈┈┈
课程案例——
标准学生类代
码编写和测试

视 频 ●┈┈┈
构造代码块和
局部代码块

首先看看没有使用构造代码块的程序，具体如下：

```
package com.daojie.demo07;
public class Test {
    public static void main(String[] args) {
        Baby b = new Baby("aaa");
    }
}
class Baby{
    String name;
    double weight;
    public Baby(){
        this.cry();
        this.eat();
    }
    public Baby(double weight){
        this.cry();
        this.eat();
        this.weight = weight;
    }
    public Baby(String name){
        this.cry();
        this.eat();
        this.name = name;
    }
    public void cry(){
        System.out.println("婴儿在 wawawa 地哭");
    }
    public void eat(){
        System.out.println("婴儿想要吃奶");
    }
}
```

在以上代码中，一创建对象就会输出结果"婴儿在 wawawa 地哭"和"婴儿想要吃奶"。那是因为在构造方法下添加了"this.cry();"和"this.eat();"两行代码，在调用 Baby 类的构造方法时就会使用 this 关键字访问 cry() 和 eat() 方法。

不过，以上代码在不同的构造方法中都有"this.cry();"和"this.eat();"语句，若构造方法很多，程序就会很臃肿，此时就可以使用构造代码块。

在类中方法外输入 {}，在大括号中输入"this.cry();"和"this.eat();"两行代码，相关代码如下：

```
package com.daojie.demo08;
public class Test {
    public static void main(String[] args) {
        Baby b = new Baby();
        Baby b1 = new Baby(3.3);
    }
}
class Baby{
    String name;
    double weight;
    // 构造代码块
    {
        System.out.println("构造代码块");
        this.cry();
        this.eat();
    }
```

```
public Baby(){
    System.out.println(" 无参构造 ");
}
public Baby(double weight){
    this.weight = weight;
}
public Baby(String name){
    this.name = name;
}
public void cry(){
    System.out.println(" 婴儿在 wawawa 的哭 ");
}
public void eat(){
    System.out.println(" 婴儿想要吃奶 ");
}
}
```

在以上代码中只有构造代码块使用 this 关键字访问了 cry() 和 eat() 方法，构造方法中都没有访问。只要一运行代码，首先就会执行构造代码块，输出"婴儿在 wawawa 地哭"和"婴儿想要吃奶"。而且无论创建多少对象，构造代码块都会在创建对象时被调用，每次创建对象都会调用一次。

2. 局部代码块

局部代码块是在方法中的 {}，可以限制变量的作用范围和生命周期，从而提高栈内存的利用率。下面举例说明，代码如下：

```
package com.daojie.demo08;
public class Test {
    public static void main(String[] args) {
        Baby b = new Baby();
        Baby b1 = new Baby(3.3);
        // 局部代码块
        {
            int i = 10;
        }
        int i = 20;
    }
}
```

上面的代码中，i 为什么赋值为 10 之后，还可以再赋值为 20 呢？原因就在于语句"int i=10;"是在方法中的，是局部代码块，它的作用域只是第 7~9 行，出了这三行，它就不起作用了。

5.3.5 权限修饰符

权限修饰符指在 Java 中用于限定使用范围的关键字，包含 public、protected、default 和 private 四种关键字。表 5-1 所示为权限修饰符在不同类的使用范围。

视频
权限修饰符

表 5-1　权限修饰符的使用范围

权限修饰符	本类中	子类中	同包类中	其他类中
public	可以	可以	可以	可以
protected	可以	可以	可以	不可以
default	可以	同包子类可以	可以	不可以
private	可以	不可以	不可以	不可以

5.4　继承

视　频

继承

类与类之间具有某种关系，这种关系称为关联，而继承是关联中的一种。继承是面向对象软件技术中的一个概念。

5.4.1　继承的概述和使用格式

类的继承是指在现有类的基础上构建新的类，构建出来的新类称为子类，现有类称为父类，子类会自动拥有父类所有可继承的属性和方法。

继承的格式如下：

```
class 子类 extends 父类 {}
```

下面举例说明继承的含义，相关代码如下：

```
package com.daojie.demo09;
public class Test {
    public static void main(String[] args) {
        Cat c = new Cat();
        c.age = 3;
        c.name = "招财";
        c.sleep();
        c.shout();
        System.out.println(c.age);
        System.out.println(c.name);

        Dog d = new Dog();
        d.age = 2;
        d.name = "进宝";
        d.sleep();
        d.shout();
        System.out.println(d.age);
        System.out.println(d.name);
    }
}
class Animal {
    // 成员变量
    String name;
    int age;
    public void sleep() {
        System.out.println("睡觉");
    }
    public void shout() {
        System.out.println("喊叫");
    }
}
class Cat extends Animal {
}
class Dog extends Animal {
}
```

在以上代码中，首先创建了 Animal 类，其中包含成员变量和一些动物的行为，如睡觉和喊叫。然后创建了 Cat 和 Dog 子类，均继承自 Animal 父类。最后创建了 Cat 和 Dog 对象并打印输出，运行后输出的结果为"睡觉、喊叫、3、招财、睡觉、喊叫、2、进宝"，可见 Cat 和 Dog 子类均继承了 Animal 父类中的变量和行为。

另外，继承还可以提高代码的复用性，且在程序中通过对象调用方法时，会先在子类中查找有没有对应的方法，若子类中存在对应的方法就会执行子类中的方法，若子类中不存在则会执行父类中相应的方法。

视 频

继承特点

5.4.2　继承的特点

继承的特点：

- Java 支持单继承；
- Java 支持多层继承；
- 父类定义了继承树中共性内容，子类定义了该类个性内容。

下面接着上面的例子说明 Java 支持单继承和支持多层继承的特点，为了清晰地展示这些特点，将创建 Cat 和 Dog 对象的代码隐藏起来，相关代码如下：

```java
package com.daojie.demo09;
public class Test {
    public static void main(String[] args) {
        Taidi t = new Taidi();
        t.eat();
        t.shout();
        t.sleep();
    }
}
class Animal {
    // 成员变量
    String name;
    int age;
    public void sleep() {
        System.out.println(" 睡觉 ");
    }
    public void shout() {
        System.out.println(" 喊叫 ");
    }
}
class Cat extends Animal {
}
class Dog extends Animal {
    public void eat(){
        System.out.println(" 狗在吃东西 ");
    }
}
class Taidi extends Dog{
}
```

在以上代码中，Taidi 类继承了 Dog 类的方法，而 Dog 类又继承了 Animal 类的方法，所以 Taidi 类可以打印输出 Dog 类和 Animal 类中所有的方法，这就是单继承和多层继承的特点。

> **注意：**
>
> 在 Java 中，支持多层继承，但不支持多继承。例如 Taidi 类不能同时继承 Dog 类和 Cat 类的方法。因为如果同时继承 Dog 类和 Cat 类的方法，当在继承的两个类中出现同名方法时，无法区分。

在父类中存放共性的内容，在子类中存放个性的内容，这是什么意思呢？比如，可以在 Animal 父类中定义动物的共性内容，如睡觉和喊叫，这是所有动物都具有的行为，所有动物都可以从父类继承这些行为；另外，可以在 Cat 子类中定义猫的个性内容，如磨爪子，却不能把这一个性内容存放在 Animal 父类中，否则猪等动物继承 Animal 父类中的方法时，也会继承这一特性，但猪是不会磨爪子的。

视频

super

5.4.3 super 关键字

Java 中的 super 关键字是一个引用变量，是指向父类的引用。如果构造方法没有显式地调用父类的构造方法，那么编译器会自动为它加上一个默认的 super() 方法调用。

另外，如果父类没有默认的无参构造方法，编译器会报错，super() 语句必须是构造方法的第一个子句。

创建一个子类对象时，会先调用子类的构造方法，然后调用父类的构造方法，如果父类足够多的话，会一直调用到最终的父类构造方法。

下面举例说明 super 关键字的使用，相关代码如下：

```
package com.daojie.demo10;
public class Test {
    public static void main(String[] args) {
        Cat c = new Cat();
    }
}
class Pet{
    String kinds;        // 品种
    String color;        // 毛色
    public Pet(){}
    public Pet(String color){
    }
}
class Cat extends Pet{
    public Cat(){
        super(" 绿色 ");   // 代表调用的是父类对应形式的构造方法
    }
}
class Dog extends Pet{
    public Dog(){
    }
}
```

在代码中，如果删除 Pet 类中"public Pet(){}"代码，也就是删除父类中无参构造方法，此时在 Dog 类中会编译错误。因为父类中定义了有参构造方法，默认就不提供无参构造方法了，所以编译器会报错。此时有两种解决方法，第一种方法是在 super() 的括号内调用父类对应形式的构造方法，例如在 Cat 类中输入"super(" 绿色 ");"；第二种方法是在父类中创建无参构造方法。

5.4.4 重写（Override）

在父类和子类中存在方法签名相同的非静态方法，称为方法的覆盖或重写。

重写的原则：

视频

重写

• 方法签名一致；
• 如果父类中的方法返回值类型是基本数据类型或者 void，那么子类在重写方法时返回值类型要保持一致；
• 子类重写方法的权限修饰符的范围要大于或等于父类对应方法权限修饰符的范围；
• 如果父类方法的返回值类型是引用数据类型，那么子类重写方法的返回值类型要么与父类方法返回值类型一致，要么子类方法的返回值类型是父类方法返回值类型的子类。

下面举例说明重写的含义，相关代码如下：

```
package com.daojie.demo11;
public class Test {
    public static void main(String[] args) {
        Doctor d = new Doctor();
        d.work();
    }
}
class Proffession{
    public void work(){
        System.out.println("在工作中~~");
    }
}
class Doctor extends Proffession{
    public void work(){
        System.out.println("医生在治病救人~~");
    }
}
class Teacher extends Proffession{
}
```

在以上代码中，首先创建 Proffession 父类，然后在父类中创建 work 方法。Doctor 子类继承了 Proffession 父类的 work 方法，而且也有自己的 work 方法。当使用 Doctor 子类的对象调用 work 方法时，输出的结果为子类的 work 方法，而不是父类中的 work 方法，这就是重写。

5.5 多态

视频
多态

之前已经介绍了继承的概念，同学们也了解了父类和子类的知识，其实将父类对象应用于子类的特征就是多态。

5.5.1 多态概述

多态是现实事物经常会体现出的多种形态，如学生是人的一种，则一个具体的同学张三既是学生也是人，即出现两种形态。

Java 作为面向对象的语言，同样可以描述一个事物的多种形态。如 Student 类继承了 Person 类，一个 Student 对象便既是 Student，又是 Person。

5.5.2 多态的体现

多态分为编译时多态和运行时多态。编译时多态就是方法的重载，运行时多态是向上造型和方法的重写。

在上面的重写例子中调用 work 方法时，在编译过程中是无法确定调用的是父类还是子类中的 work 方法的，只能在运行时才知道是调用了子类中的 work 方法，所以方法的重写是运行时多态。

向上造型是用父类来声明对象、用子类来创建对象，编译期间只会检查声明类和创建类之间是否有继承关系，有则编译通过，运行期间才确定具体的子类。

下面举例说明向上造型，代码如下：

```
package com.daojie.demo12;
```

```
public class Test {
    public static void main(String[] args) {
        Pet p  = new Dog();
        p.eat();
    }
}
class Pet{
    public void eat(){
        System.out.println(" 宠物要吃东西 ");
    }
}
class Dog extends Pet{
    public void eat(){
        System.out.println(" 狗在吃东西 ");
    }
}
```

在以上代码中定义了 Pet 父类和 Dog 子类，在父类和子类中均创建了 eat 方法。在创建对象时，在等号左侧用父类声明对象，在等号右侧用子类创建对象，在编译期间只会检查声明类和创建类之间是否有继承关系。而在调用方法时则根据左侧的声明类来编译检查，如果声明类没有定义方法，则编译不通过，如果有定义方法则编译通过，但是在运行时则执行右侧创建类中对应的方法，这就是多态的体现。

● 视 频

课程总结

小　结

通过本章的学习，学生已经能够解答前面对于使用引用数据类型的疑惑，能够理解面向对象和面向过程的区别，并理解面向对象的三大特征：封装、继承、多态。初次接触面向对象思想的同学理解会有点难度，需要更多地练习和思考加深印象。

习　题

编程题

1. 定义一个类表示矩形，提供求周长和面积的方法。

2. 定义一个类 Complex，用来表示复数。这个复数类具有两个属性：double real 表示实部，double im 表示虚部。并为 Complex 类增加 add、sub、mul 方法，分别表示复数的加法、减法和乘法运算。其中，add 方法的声明如下：

```
public Complex add(Complex c)        // 表示当前 Complex 对象与参数 c 对象相加
public Complex add(double real)      // 表示当前 Complex 对象与实数 real 相加
```

第6章 面向对象（二）

视频 ●
课程介绍

学习目标

- 能够区分类方法和对象方法。
- 能够区分静态变量和成员变量。
- 掌握 final 关键字的用法。
- 理解抽象方法的应用场景。
- 熟练使用接口。
- 掌握内部类的使用。

本章将从 5 个方面介绍面向对象的相关知识，首先介绍 static 和 final 关键字，其次介绍 abstract 关键字（即抽象方法和抽象类），最后介绍接口和内部类。

6.1 static 关键字

视频 ●
static 概述

在 Java 语言中，static 表示"静态"的意思，可以用来修饰成员变量和成员方法，当然也可以是静态代码块。

6.1.1 static 关键字概述

static 是静态修饰符，一般用来修饰类中的成员，成员包括成员变量和成员方法。被 static 修饰的成员属于类，不属于这个类的某个对象，且它会影响每一个对象。被 static 修饰的成员又称类成员，不能称为对象成员。另外，static 修饰的成员被多个对象共享。

下面举例说明，相关代码如下：

```
1  package com.daojie.demo01;
2  public class Test {
3      public static void main(String[] args) {
4          Person p1 = new Person();
5          p1.name = "梅超风";
6          p1.age = 40;
7          p1.kongfu = "九阴白骨爪";
8          Person p2 = new Person();
9          p2.name = "欧阳锋";
10         p2.age = 60;
11         p2.kongfu = "蛤蟆功";
```

```
12              System.out.println(p1.toStr());
13              System.out.println(p2.toStr());
14      }
15  }
16  class Person{
17      String name;
18      int age;
19      static String kongfu;
20      public String toStr(){
21          return name + "\t" + age + "\t" + kongfu;
22      }
23  }
```

第 16~23 行代码创建 Person 类和成员方法，并输出成员变量；第 4~11 行代码分别创建两个对象并赋值。运行代码，可见输出 name 和 age 没有问题，输出 kongfu 时会出现均为对象 2 的 kongfu 的问题，如图 6-1 所示。

图 6-1　输出结果

这是因为被 static 修饰的成员属于类，不属于这个类的某个对象，代码中 static 关键字右侧的 kongfu 属于 Person 类，p1 和 p2 两个对象使用的是同一个 Person 类，一开始 Person 类的 kongfu 是"九阴白骨爪"，但运行到 p2 对象的时候，Person 类的 kongfu 被改为"蛤蟆功"了，也就是说，p1 和 p2 两个对象的 kongfu 都是"蛤蟆功"，所以输出结果是一样的。

下面通过内存图进行展示，如图 6-2 所示。

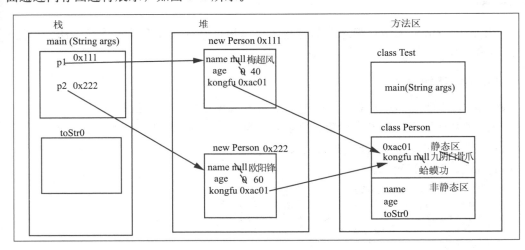

图 6-2　内存图

🔔 注意：
类是第一次使用时才加载到方法区，且只加载一次。静态变量不能放到构造方法中。

6.1.2 static 关键字的使用

视 频

static 的使用 – 静态变量和静态方法

Static 关键字具有如下特性：

- static 可以修饰变量、方法、代码块、内部类。
- static 修饰的变量称为静态变量。
- static 修饰的方法称为静态方法。
- static 修饰的代码块称为静态代码块。

下面举例说明静态方法的应用，相关代码如下：

```
1  package com.daojie.demo02;
2  public class Test {
3      public static void main(String[] args) {
4  //        Person p = new Person();
5  //        p.m();
6          Person.m();
7      }
8      public static void show(){
9      }
10 }
11 class Person{
12     public static void m(){
13         System.out.println("m.......");
14     }
15 }
```

第 11~15 行代码用于创建类和静态方法。第 4、5 行代码是常规调用 Person 类中的 m 方法。因为是静态方法，可以直接使用类名 Person 调用方法，如上面的代码，可以注释掉第 4、5 行代码，直接使用 "Person.m();" 语句调用 m 方法。静态方法本身是先于对象存在，所以能通过类名调用静态方法。

视 频

static 的使用 – 静态代码块

> 🔔 **注意：**
>
> 静态方法中不能使用 this/super，也不能直接使用本类中的非静态方法。静态方法不可以重写，但可以被继承。

下面举例理解静态代码块，使代码清晰展示出静态代码块，将被注释的代码隐藏起来，相关代码如下：

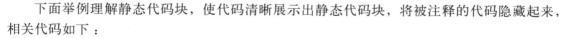

```
package com.daojie.demo02;
public class Test {
    public static void main(String[] args) {
    }
    new Person();
    new Person();
    public static void show(){
    }
}
class Person{
    static {
        System.out.println("静态代码块被执行了");
    }
    {
        System.out.println("构造代码块被执行了");
    }
    public Person(){
```

```
        System.out.println(" 构造方法被执行了 ");
    }
    public static void m(){
        System.out.println("m.......");
    }
    public void demo(){
    }
}
```

运行代码后，输出结果如图 6-3 所示。

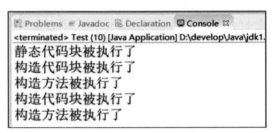

图 6-3　输出结果

在构造代码块的左侧添加 static 关键字就变为静态代码块了。从输出结果中可见先执行静态代码块，接着执行构造代码块，最后执行构造方法，但是静态代码块只执行 1 次，这是因为静态代码块只在类加载的时候执行一次。

如果使用"Person.m()"语句通过类名调用，运行代码可见只执行静态代码块，因为构造代码块和构造方法没有创建对象，所以没有被执行。

6.2　final 关键字

final 是 Java 中的关键字，用于修饰数据、方法和类。final 修饰的数据称为常量，定义之后是不可以修改的，对于基本数据类型而言，指其实际值不可修改；对于引用数据类型而言，指其地址值不可修改。

首先，通过 final 定义整数变量 i=10，当再为 i 定义其他数值时，则显示编译不通过，因为 final 修饰的数据为常量，是不可以修改的，如图 6-4 所示。

```
 Test.java   Test.java   Test.java   Test.java   *Test.java   Test.java
 1 package com.daojie.demo03;
 2
 3 public class Test {
 4     public static void main(String[] args) {
 5         final int i = 10;
 6         i = 20;
 7     }
 8 }
 9
```

图 6-4　无法修改 final 修饰的数据

当 final 修饰引用数据类型时，可以改变某元素的值，但无法改变地址。下面举例说明，如图 6-5 所示。

```
10
11      // final修饰的引用数据类型，其地址不可以改变
12      final int[] arr = {1,2,3,4,5};
13      arr[0] = 10;
14      arr = {};
15      }
16  }
17
```

图 6–5　无法改变地址

arr[0] = 10 表示将数组中第一位数 1 修改为 10，这是没有问题的。但是 arr = {} 是无法执行的，因为该代码要改变地址，所以编译不通过。

final 修饰的方法称为最终方法，不能被重写或隐藏，可以被重载或继承。图 6–6 为在父类中创建 m 方法，当在 Student 子类中创建 m 方法时，则报错，显示不能从 Person 类中重写被 final 修饰的方法。

```
45      public final void m(){
46
47      }
48  }
49
50  class Student extends Person{
51      public void m(){
52
53      }
54  }
55
```

图 6–6　不能重写被 final 修饰的方法

final 修饰的类称为最终类，不能被继承。如果在 class Person{ 语句左侧添加 final 关键字，可见其子类 class Student 已经报错，显示 Student 类不能是被 final 修饰的 Person 的子类，如图 6–7 所示。

```
28  }
29
30  final class Person{
31      // final修饰成员变量,要求在对象创建完成之前给值
32  //  final int i;
33
```

```
59  }
60
61  The type Student cannot subclass the final class Person
62      // Cannot override the final method from Person
63  //  public void m(){
64  //
```

图 6–7　final 修饰的类不能被继承

另外，final 修饰的是成员变量，要求在对象创建完成之前赋值，而静态常量要求在类加载完成之前给值，这就不多作介绍了。

6.3　abstract 关键字

abstract 关键字可以用于类、方法、事件和索引指示器，表示其为抽象成员，抽象方法是没有方法体的方法。

视 频

abstract

6.3.1　抽象概述

有时候，某个父类只是知道子类应该包含哪些方法，但是无法准确知道子类如何实现这些方法。比如一个图形类应该有一个求周长的方法，但是不同的图形求周长的算法是不一样的，那该怎么办呢？可以使用抽象方法。

分析事物时，发现了共性内容，就出现向上抽取。当出现方法功能声明相同、方法功能主体不同的特殊情况时，也可以向上抽取，但只抽取方法声明，不抽取方法主体。那么此方法就是一个抽象方法。

6.3.2　抽象类的产生

抽象类往往用来表征对问题领域进行分析、设计中得出的抽象概念，是对一系列看上去不同，但是本质上相同的具体概念的抽象。在 Java 中，含有抽象方法的类称为抽象类，同样不能生成对象。

当有不具体的功能需要在类中标识出来时，可以通过 Java 中的关键字 abstract（抽象）修饰。当定义了抽象方法的类也必须被 abstract 关键字修饰时，被 abstract 关键字修饰的类是抽象类。

6.3.3　抽象类 & 抽象方法的定义

那么，应该怎样去定义抽象类和抽象方法呢？下面一起来看一下。

抽象方法定义的格式如下：

```
public abstract 返回值类型 方法名 (参数);
```

•抽象类定义的格式如下：

```
abstract class 类名 {
}
```

下面举例说明，相关代码如下：

```
package com.daojie.demo04;
public class Test {
    public static void main(String[] args) {
        Doctor d = new Doctor();
        d.work();
        Teacher t = new Teacher();
        t.work();
    }
}
abstract class Proffession{
    public abstract void work();
}
class Doctor extends Proffession{
    public void work(){
        System.out.println(" 医生在治病救人 ");
    }
}
class Teacher extends Proffession{
    public void work(){
        System.out.println(" 老师在努力备课 ");
    }
}
```

在代码中，Proffession 父类中的 work 方法没有具体的功能，而且必须要标识出来，所以通过 public abstract void work(); 语句将 work 方法定义为抽象方法。抽象方法没有方法体，这个方法本身没有任何意义，除非它被重写，而承载这个抽象方法的抽象类必须被继承，实际上抽象类除了被继承之外没有任何意义。

因为抽象方法必须在抽象类中，所以还需要通过 abstract class Proffession{ 语句将父类定义为抽象类。记住，在定义抽象方法和抽象类时，代码要遵循相应的格式。

6.3.4　抽象类和抽象方法的特性

下面将对抽象类和抽象方法的特性进行介绍，具体如下：

- 抽象类可以定义构造方法，存在的意义在于对自身进行初始化，供其子类使用；
- 抽象类不能创建对象，底层 JVM 会利用 C 语言创建一个虚拟对象给子类使用；
- 抽象类中可以定义普通方法；
- 抽象类中不能直接实例化，需要使用向上造型；
- 抽象类一定不是最终类；
- 抽象方法可以重载，必须被继承和重写，不能用 private/final/static 关键字修饰。

继续使用"6.3.3 抽象类 & 抽象方法的定义"中的程序段，在 Proffession 抽象类中输入定义无参的构造方法，可见其编译和运行都能通过，说明抽象类可以定义构造方法。定义无参构造方法的相关代码如下：

```
abstract class Proffession{
    public abstract void work();
    // 构造方法
    public Proffession(){
    }
}
```

然后在 main 方法中输入"Proffession p = new Proffession();"代码使用构造方法，可见编译出现错误，显示不能实例化 Proffession。因为抽象类不能创建对象，如果要使用该构造方法只能使用向上造型来实现，将代码修改为"Proffession p = new Doctor();"即可。

在抽象类中可以定义抽象方法，也可定义普通方法。在抽象类 Proffession 中创建普通方法，编译没有问题，相关代码如下：

```
abstract class Proffession{
    public abstract void work();
    public Proffession(){
    }
    // 普通方法
    public void eat(){
    }
}
```

抽象方法是可以重载的，在抽象方法下再定义抽象 work 方法，可见编译没有问题，相关代码如下：

```
abstract class Proffession{
    public abstract void work();
    public abstract void work(int i);
}
```

完成上述代码后，会出现子类报错的问题，这是因为子类继承了父类重载的 work 方法。根据之前学习的知识，抽象方法必须存在于抽象类中，所以需要对子类进行修改，方法 1 是将子类修改为抽象类，方法 2 是将继承的代码删除 abstract 关键字并实现。修改子类代码如下：

```
class Doctor extends Proffession{
    public void work(int i){
    }
```

```
        public void work(){
            System.out.println(" 医生在治病救人 ");
        }
    }
abstract class Teacher extends Proffession{
    public abstract void work(int i);
    public void work(){
        System.out.println(" 老师在努力备课 ");
    }
}
```

6.4 接口

● 视 频

上一节介绍了抽象类的应用，由于抽象类受 Java 单继承的限制，局限性比较大。开发 Java 程序时，一个类可能需要遵循多个抽象类的方法，这时候使用抽象类的限制是非常大的，此时可以选择接口。

6.4.1 接口概述

接口概述＆接口的定义＆类实现接口

接口是功能的集合，同样可看作一种数据类型，是比抽象类更为抽象的"类"。接口只描述所应该具备的方法，并没有具体实现，具体的实现由接口的实现类完成。这样将功能的定义与实现分离，优化了程序设计。

一切事物皆有功能，即一切事物皆有接口。

6.4.2 接口的定义

使用接口与定义类的 class 不同，接口定义时需要使用 interface 关键字。定义接口所在的仍为 .java 文件，虽然声明时使用 interface 关键字，但编译后仍然会产生 .class 文件。由此，可以将接口看作一种只包含了功能声明的特殊类。

定义接口的格式如下：

```
interface 接口名 {
    抽象方法 1；
    抽象方法 2；
    抽象方法 3；
}
```

下面举例说明，相关代码如下：

```
1  package com.daojie.demo05;
2  public class Test {
3      public static void main(String[] args) {
4          Proffession d = new Doctor();
5          d.work();
6          d.salary();
7          Proffession t = new Teacher();
8          t.work();
9          t.salary();
10     }
11 }
12 interface Proffession{
13     public abstract void work();
14     public abstract double salary();
```

```
15     }
16 class Teacher implements Proffession{
17     public void work() {
18         System.out.println("老师在教书");
19     }
20     public double salary() {
21         return 6.6;
22     }
23 }
24 class Doctor implements Proffession{
25     public void work(){
26         System.out.println("医生在治病救人");
27     }
28     public double salary(){
29         System.out.println("每个月都要发薪水");
30         return 3.5;
31     }
32 }
```

第 12 行代码使用 interface 定义 Proffession 接口；第 13、14 行代码在接口中创建 work 和 salary 两个抽象方法。第 24~32 行代码定义 Doctor 类作为接口的实现类，Doctor 类与接口之间用 implement 关键字产生关系，同时在 Doctor 类中实现接口中的两个抽象方法。

第 4~6 行代码使用接口，其中第 4 行代码使用向上造型，等号左侧是接口，等号右侧为具体的实现类，运行时会根据右侧内容执行不同的方法。

然后创建 Teacher 的子类，根据同样的方法使用接口，输出结果如图 6-8 所示。

图 6-8　输出结果

6.4.3　类实现接口

类实现接口的格式如下：

```
class 类 implements 接口 {
    重写接口中方法;
}
```

类实现接口后，该类就会将接口中的抽象方法继承过来，此时该类需要重写该抽象方法，完成具体的逻辑。

6.4.4　接口中成员的特点

接口中成员的特点如下：

• 接口中可以定义变量，但是变量必须有固定的修饰符（publicstaticfinal）修饰，所以接口中的变量又称常量，其值不能改变；

• 接口中可以定义方法，方法有固定的修饰符（publicabstract）；

• 接口不可以创建对象；

视　频

接口中成员的特点

•子类必须覆盖接口中所有的抽象方法，才可以实例化。

下面举例说明接口中成员的特点。在接口中定义变量和方法时，正常情况下是按以下代码定义的：

```
interface Proffession{
    public static final int i = 10;
    public abstractvoid work();
}
```

在接口中，默认使用 public static final 和 public abstract 修饰符定义变量和方法，在编写代码时可以将其省略不写，编译和运行是不会出现错误的，即不管写不写 public static final 和 public abstract，Java 都默认是使用它们修饰的，如下：

```
interface Proffession{
    int i = 10;
    void work();
}
```

注意：

在接口中不能定义构造方法。

6.4.5 接口的特点

视 频

接口特点

下面对接口的特点进行介绍，具体如下：

•接口可以继承接口，如同类继承类后便拥有了父类的成员，可以使用父类的非私有成员一样，A 接口继承 B 接口后，A 接口便拥有了 A、B 两个接口中的所有抽象方法；
•Java 支持一个类同时实现多个接口，或一个接口同时继承多个接口；
•类可以在继承一个类的同时，实现多个接口；
•接口与父类的功能可以重复，均代表要具备某种功能，并不冲突。

下面举例说明接口的特点，相关代码如下：

```
package com.daojie.demo05;
public class Test02 {
}
interface A{
    void a();
}
interface B{
    void b();
}
interface E{
    void e();
}
interface C extends A,B{
    void c();
    void b();
}
```

通过定义 A、B、C 和 E 四个接口，使接口 C 同时继承接口 A 和接口 B，编译没有问题，说明接口和接口之间的关系是多继承。另外，在 B 接口中存在 void b() 抽象方法，在 C 接口中也创建了 void b() 抽象方法，编译通过，这是因为接口与父类的功能可以重复。重复的功能并不影响代码具体的实现，因为具体实现是在实现类中完成的，它们之间并不冲突。

接着定义类 D，代码如下：

```
class D implements C{
    public void a() {
    }
    public void b() {
    }
    public void c() {
    }
}
```

由于接口 C 继承了接口 A 和 B，所以接口 C 中相当于有 a、b、c 三个抽象方法。那么类 D 需要实现 a、b、c 三个方法。

然后定义 F 类，F 类继承 D 类并实现接口 E，只需要在该类中实现接口 E 的抽象方法，则编译和运行均通过。这就是接口的一个特点，即类可以在继承一个类的同时，实现接口，相关代码如下：

```
class F extends D implements E{
    public void e() {
    }
}
```

视频 ●·······

课程练习

📖 练一练

定义一个接口表示形状，提供获取这个形状周长和面积的方法。为这个接口提供实现类（矩形和圆形），为矩形提供一个子类（正方形）。

6.4.6 JDK 1.8 接口的特性

JDK 1.8 接口具有如下特性：

（1）从 JDK 1.8 开始，接口中允许存在实体方法，要求这个方法用 default 或者 static 关键字修饰。

（2）Lambda 表达式：用于重写接口中的抽象方法。

下面举例说明 JDK1.8 接口的第一个特性，相关代码如下：

视频 ●·······

JDK 1.8 接口
的特性

```
1  package com.daojie.demo07;
2  public class Test {
3      public static void main(String[] args) {
4          // 使用匿名内部类实现接口
5          Calc c = new Calc() {
6              public double add(double i, double j) {
7                  return 0;
8              }
9          };
10         System.out.println(c.max(10, 20));
11     }
12 }
13 interface Calc {
14     double add(double i, double j);
15     // 接口中的实体方法
16     public default double max(double i, double j) {
17         return i > j ? i : j;
18     }
19     // 接口中的静态方法
20     public static double sqrt(double d) {
21         return Math.sqrt(d);
22     }
23 }
```

第 13 行代码创建 Calc 接口；第 16 行代码创建实体方法，使用 default 关键字修饰；第 20 行代码使用 static 关键字创建静态方法。如果在接口中创建实体方法时，不使用 default 或者 static 修饰，则编译不通过。

接口和实体方法创建完成后，使用匿名内部类实现接口。运行以上代码后，输出结果为 20.0。

下面举例说明第二个特性，相关代码如下：

```
package com.daojie.demo07;
public class Test {
    public static void main(String[] args) {
        // 标准版
//        Calc c = (double a,double b) -> {
//            return a + b;
//        };
        // 进化版
//        Calc c = (double i,double j)->i + j;
        // 究极版
        Calc c = (i,j) -> i + j;
    }
}
interface Calc {
    double add(double i, double j);
    public default double max(double i, double j) {
        return i > j ? i : j;
    }
    public static double sqrt(double d) {
        return Math.sqrt(d);
    }
}
```

在介绍 JDK 1.8 接口的第 1 个特性时，使用匿名内部类的方式重写接口中的 add 方法，本例将使用更简便的 Lambda 表达式重写方法。

以上代码中的标准版、进化版和究极版的代码是几种不同的 Lambda 表达式，实现的结果是一致的，它们的写法也越来越简单，但是要求条件也很多。

使用标准版 Lambda 表达式时，参数与抽象方法中参数要相对应，而且接口中必须只有一个抽象方法。

使用进化版 Lambda 表达式时，必须满足重写的方法的方法体只有一句话，这样才能将 {} 和 return 语句省略。

使用究极版 Lambda 表达式时，抽象方法中的参数是确定的。

当抽象方法中只有一个参数时，可以使用以下代码中的第 4~6 行中的 Lambda 表达式。为使代码更加清晰，下面只展示相关的代码：

```
1  package com.daojie.demo07;
2  public class Test {
3      public static void main(String[] args) {
4  //      Calculator c = (d) -> Math.sqrt(d);
5  //      Calculator c = d -> Math.sqrt(d);
6          Calculator c = Math :: sqrt;
7          System.out.println(c.sqrt(9));
8      }
9  }
10 interface Calculator{
```

```
11      double sqrt(double d);
12   }
```

第 4 行代码使用究极版 Lambda 表达式重写抽象方法；第 6 行代码的 Lambda 表达式中没有参数，是最简便的形式。运行以上代码后，输出结果为 3.0。

要想使用第 6 行的 Lambda 表达式必须满足相应的条件，首先重写的方法必须只有一句方法体；其次该方法体直接操作参数；最后该方法体调用的是已有类中的静态方法。

视频 ●
方法内部类

6.5　内部类

内部类是 Java 语言的主要附加部分。内部类几乎可以处于一个类内部的任何位置，也可以与实例变量处于同一级，或处于方法之内，甚至可以是一个表达式的一部分。

6.5.1　内部类概述

类可以写在其他类的成员位置和局部位置，这时写在其他类内部的类称为内部类，其他类称为外部类。

内部类分为以下几种类型：
- 方法内部类；
- 成员内部类；
- 静态内部类；
- 匿名内部类。

6.5.2　方法内部类

方法内部类又称局部内部类，可以使用外部类的一切属性和方法，也可以定义非静态变量和非静态方法，但不可以定义静态变量和静态方法。

局部内部类只能被 abstract 和 final 其中一个修饰。

在局部内部类中调用外部类的同名变量的格式如下：

外部类 .this. 变量名 ;

下面举例说明方法内部类的应用，相关代码如下：

```
package com.daojie.demo08;
public class Test {
    public static void main(String[] args) {
        new Outer1().m();
    }
}
class Outer1{
    int i = 5;
    public void m(){
        System.out.println("Outer~~");
        class Inner1{        // 方法内部类
            public void m(){
                System.out.println("Inner~~");
                System.out.println(i);
            }
        }
        Inner1 i1 = new Inner1();
```

```
        i1.m();
    }
}
```

在以上代码中首先定义了 Outer1 类，然后在该类的方法中定义 Inner1 类，Inner1 类就是方法内部类。然后在外部类 Outer1 中定义一个变量 int i = 5;，在 Inner1 方法内部类中用 System.out.println(i); 语句输出变量值，编译运行，输出结果为 5，可见方法内部类是可以使用外部类的一切属性和方法的。

然后在方法内部类 Inner1 类中，添加代码 int i = 3;，如下：

```
class Inner1{
    int i = 3;
    public void m(){
```

输出结果为 3。

这说明在方法内部类定义一个和外部类中相同变量名的变量，因为遵循就近原则，所以输出值为内部类变量的值。但可以通过在方法内部类中调用外部类的同名变量格式调用外部类中的变量值，代码如下：

```
System.out.println(Outer1.this.i);
```

6.5.3 成员内部类

视频

成员内部类

成员内部类是定义在类中方法外的内部类，可以使用外部类的一切属性和方法，也可以定义非静态变量和非静态方法，但不可以定义静态变量和静态方法。成员内部类可以使用一切修饰类的修饰符。

在其他类中创建成员内部类的格式如下：

外部类 . 内部类 对象名 = new 外部类 ().new 内部类 ();

下面举例说明成员内部类，相关代码如下：

```
package com.daojie.demo08;
public class Test {
    public static void main(String[] args) {
        Outer2.Inner2 oi2 = new Outer2().new Inner2();
        oi2.m();
    }
}
class Outer2{
    int i = 8;
    class Inner2{
        int i = 10;
        static final int j = 20;
        public void m(){
            System.out.println(i);
            System.out.println(j);
        }
    }
}
```

在以上代码中定义 Outer2 外部类，然后在该类中方法外定义 Inner2 类，Inner2 就是成员内部类。需要调用成员内部类中的方法时，必须遵循在其他类中创建成员内部类的格式，对应的代码为 "Outer2.Inner2 oi2 = new Outer2().new Inner2();"。运行以上代码，输出结果为 10 和 20。

6.5.4 静态内部类

静态内部类是使用 static 修饰的内部类，可以定义一切属性和方法，也可以使用外部类的静态变量和静态方法，但不能使用外部类的非静态变量和非静态方法。

在其他类中创建静态内部类的格式如下：

外部类.内部类 对象名 = new 外部类.内部类();

在其他类中调用内部类的静态方法格式如下：

外部类.内部类.静态方法名();

下面举例说明静态内部类的应用，相关代码如下：

```java
package com.daojie.demo08;
public class Test {
    public static void main(String[] args) {
        Outer3.Inner3 oi3 = new Outer3.Inner3();
        System.out.println(oi3.i);
        Outer3.Inner3.m2();
        oi3.m();
    }
}
class Outer3{
    static int i = 3;
    // 静态内部类
    static class Inner3{
        int i = 3;
        static int j = 10;
        public void m(){
            System.out.println(i);
        }
        public static void m2(){
            System.out.println(" 静态方法 ");
        }
    }
}
```

在以上代码中使用 static 修饰的 Inner3 类就是静态内部类。在静态内部类中可以输出外部静态变量，如果将外部静态变量中 static 关键字删除，则编译不通过。

代码中还演示了在其他类中创建静态内部类的格式和在其他类中调用内部类的静态方法格式的应用。

6.5.5 匿名内部类

匿名内部类是指没有名称的内部类，本质上是实现了对应的接口或者继承了对应的类。final 修饰的类不能使用匿名内部类。

下面举例说明匿名内部类，相关代码如下：

```java
package com.daojie.demo08;
public class Test {
    public static void main(String[] args) {
        A a = new A() {
            public void m() {
            }
        };
        B b = new B(){};
```

```
    }
}
class B{
}
interface A{
    void m();
}
```

上述代码中演示了两种匿名内部类的写法，第一种是定义接口 A，并创建方法，然后使用匿名内部类创建接口。第二种是定义 B 类，然后使用匿名内部类，对应的代码是 "B b = new B(){};"。

小 结

● 视 频

课程总结

通过本章的学习，大家可以熟练掌握 static 关键字的应用，深入理解方法区、栈、堆在内存中的具体作用，并能够区分对象方法和类方法的含义和区别。final 关键字常用于修饰类和变量，被 final 修饰的变量称为常量，在实际开发中不希望被随意修改的内容可以使用 final 修饰。初次接触抽象、接口的概念时，会难以理解为何 Java 中如此设计，这需要经验和代码量的积累。在后续课程中，当代码量增多、功能复杂时，能够更加明显地感受到面向接口开发的实际意义。

习 题

编程题

1. 设计一个类 MyClass，为 MyClass 增加一个 count 属性，用来统计总共创建了多少个对象。
2. 定义一个接口 MediaPlayer，表示家庭影院的一个设备。MediaPlayer 中包含 play()、stop()、open() 三个方法，分别表示播放、停止和开仓功能。MediaPlayer 有三个实现类，分别为：DVDPlayer 表示 DVD 播放器；CDPlayer 表示 CD 播放器；TapePlayer 表示录音机，播放磁带。完成 MediaPlayer 接口及其子类的代码。

第 7 章

常用 API

视频 ●┄┄┄

课程介绍

学习目标

- 能够理解 API 的含义。
- 熟练使用 String 类的常用方法。
- 理解重写父类方法的意义。
- 能够说出 String 类的特点。
- 熟练使用包装类的常用方法。
- 熟练数学类的常用方法。
- 熟练使用日期日历类的常用方法。

　　本章首先介绍 Object 类的概述和常用方法；其次介绍 String 的概述、构造方法、特点以及各种功能方法；然后介绍包装类的概述、特性以及自动装箱和拆箱；接着介绍数学类的相关知识；最后介绍日期日历类，包括 Date 类、DateFormat 类和 Calendar 类等。通过本章的学习，可以帮助我们提高自学的能力。

7.1 Object 类

视频 ●┄┄┄

API 和 Object 概述

　　Java 语言是一种单继承语言，也就是说 Java 中所有的类都有一个共同的祖先，这个祖先就是 Object 类。下面将详细介绍 Object 类的概述、常用方法以及 API 的使用。

7.1.1 API 概述

　　API（Application Programming Interface，应用程序接口）是一些预先定义的函数，或指软件系统不同组成部分衔接的约定。目的是提供应用程序与开发人员基于某软件或硬件得以访问一组例程的能力，而又无须访问源码，或理解内部工作机制的细节。

　　Java 中也提供 API，而且有很多版本，下面以英文 1.8 版本为例介绍 API 构成。打开该版本的API，中间上部包含很多包，中间下部包含很多类，右侧区域显示 Java 提供的功能，如图 7-1 所示。

　　下面以在 API 中查看 Scanner 为例介绍 API 的使用方法，首先在左侧区域切换至"索引"选项卡，在"键入关键字进行查找"文本框中输入 Scanner，按【Enter】键。在右侧将显示 Scanner 所有实现的接口、官方的介绍、相关例子和构造方法等内容，如图 7-2 所示。

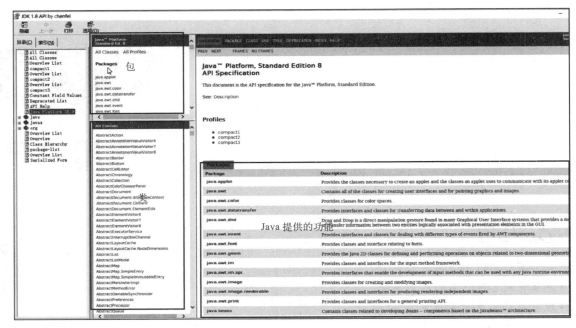

图 7-1　API 界面

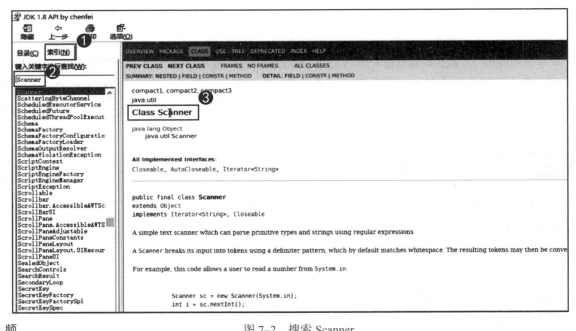

图 7-2　搜索 Scanner

7.1.2　Object 类概述

Object 类是 Java 语言中的根类，即所有类的父类，它描述的所有方法子类都可以使用。所有类在创建对象的时候，最终找的父类就是 Object 类。

Object 具有如下常用方法：

- protected Object clone()：克隆方法。
- boolean equals(Object obj)：比较对象是否相等。
- Class<?> getClass()：获取对象的实际类型。
- int hashCode()：获取对象的哈希码值。
- String toString()：转换为字符串。

下面举例说明 clone()、getClass()、hashCode() 和 toString() 方法的应用，相关代码如下：

```java
package com.daojie.object;
public class ObjectDemo implements Cloneable{
    int i;
    public static void main(String[] args) throws CloneNotSupportedException {
        ObjectDemo od1 = new ObjectDemo();
        od1.i = 10;
        ObjectDemo od2 = (ObjectDemo)od1.clone();
        System.out.println(od1.i);
        System.out.println(od2.i);
        // 返回实际类型
        Object obj = "abc";
        System.out.println(obj.getClass());
        // 获取对象的哈希码值
        Object obj1 = new Person();
        System.out.println(obj1.hashCode());
        // 转换为字符串
        Person p = new Person();
        p.name = "张学友";
        p.age = 19;
        System.out.println(p);
    }
}
class Person{
    String name;
    int age;
    @Override
    public String toString() {
        return "Person [name=" + name + ", age=" + age + "]";
    }
}
```

运行代码后，输出结果如图 7-3 所示。

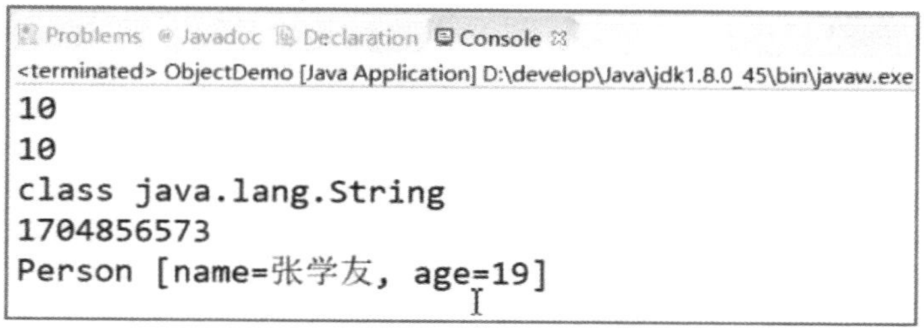

```
Problems @ Javadoc  Declaration  Console ☒
<terminated> ObjectDemo [Java Application] D:\develop\Java\jdk1.8.0_45\bin\javaw.exe
10
10
class java.lang.String
1704856573
Person [name=张学友, age=19]
```

图 7-3　输出结果

从图 7-3 所示的结果中可见 od1 和 od2 返回值均为 10，说明已经完成克隆。在将 od1 克隆给 od2 时，需要使用强制转换，将 Object 类强制转换为 ObjectDemo 类型。被克隆的类必须实现 Cloneable 接口，以指示 Object.clone() 方法可以合法地对该类实例进行按字段复制。Cloneable 接口实际上是个标识接口，没有任何接口方法。

使用 getClass() 方法可以返回 obj 执行时的 Class 实例，输出结果显示 obj 是 java.lang.Srting 类。

使用 hashCode() 方法可以获取对象的哈希码值，在本例中输出 obj1 返回 int 类型的值。哈希码是根据哈希散列算法计算的值，在 Java 中哈希码代表对象的特征。Object 类的 hashCode() 返回对象的内存地址经过处理后的结构，由于每个对象的内存地址都不一样，所以哈希码也不一样。

● 视 频

Object 常用方法二 (equals)

使用 toString() 方法可以将一个对象返回为字符串形式，在实际的应用中通常重写 toString() 方法，为对象提供一个特定的输出模式。当这个类型转换为字符串时，将自动调用重写的 toString() 方法。在本例中，重写 Person 类中的 toString() 方法，当打印输出时自动调用 toStrint() 方法。

下面举例说明 equals() 方法的应用，相关代码如下：

```java
package com.daojie.object;
public class ObjectEquals {
    public static void main(String[] args) {
        User u1 = new User();
        u1.name = "周杰伦";
        u1.age = 30;
        u1.gender = '男';
        User u2 = new User();
        u2.name = "周杰伦";
        u2.age = 30;
        u2.gender = '男';
        // 默认比较的是两个对象的地址
        System.out.println(u1.equals(u2));
    }
}
class User{
    String name;
    int age;
    char gender;
    @Override
    public int hashCode() {
        final int prime = 31;
        int result = 1;
        result = prime * result + age;
        result = prime * result + gender;
        result = prime * result + ((name == null) ? 0 : name.hashCode());
        return result;
    }
    @Override
    public boolean equals(Object obj) {
        if (this == obj)
            return true;
        if (obj == null)
            return false;
        if (getClass() != obj.getClass())
            return false;
        User other = (User) obj;
        if (age != other.age)
            return false;
        if (gender != other.gender)
            return false;
        if (name == null) {
            if (other.name != null)
```

```
            return false;
        } else if (!name.equals(other.name))
            return false;
    return true;
    }
}
```

在 User 类中重写 equals() 方法，首先判断两个比较对象的地址是否相同，如果相同返回 true；再判断参数是否为 null，如果是 null 则返回 false；接着判断实际类型是否一样，若不一样返回 false，如果一样先强制转换为 User 类型，再判断年龄、性别和姓名是否一样，如果一样返回 true，否则返回 false；如果没有执行以上语句则返回 true。最后在 main 方法中使用 equals() 方法比较 u1 和 u2。运行代码后输出的结果为 true，说明 u1 和 u2 的属性值是一样的。

如果在 User 类中不重写 equals() 方法，直接在 main 方法中使用 equals() 方法比较 u1 和 u2，则输出的结果为 false。因为 equals() 方法默认实现的是使用"=="运算符比较两个对象的引用地址，而不是比较对象的内容。

7.2 String 类

String 是 Java 语言中的字符串，字符串是一个特殊的对象，属于引用类型。String 类对象创建后，字符串一旦初始化就不能更改，因为 String 类中所有字符串都是常量，数据无法更改，由于 String 对象不可变，所以可以共享。

视 频
字符串构造
方法

7.2.1 String 类概述

java.lang.String 类代表字符串。Java 程序中所有字符串文字（如 "abc"）都可以被看作此类的实例。String 类中包括用于检查各个字符串的方法，比如用于比较字符串、搜索字符串、提取子字符串以及创建具有翻译为大写或小写的所有字符的字符串的副本。

String 的构造方法很多，下面介绍它的常用构造方法。

• public String(String original)：把字符串数据封装成字符串对象。

• public String(char[] value)：把字符数组的数据封装成字符串对象。

• public String(char[] value,int offset,int count)：把字符数组中的一部分数据封装成字符串对象。

下面举例说明 String 构造方法的使用，相关代码如下：

```
1  package com.daojie.string;
2  public class StringDemo {
3      public static void main(String[] args) {
4          // 构造方法
5          String str1 = new String("abc");
6          System.out.println(str1);
7          char[] chs = {'h','e','l','l','o'};
8          String str2 = new String(chs);
9          System.out.println(str2);
10         String str3 = new String(chs,1,4);
11         System.out.println(str3);
12      }
13  }
```

第 5 行代码使用 public String(String original) 把字符串数据封装成字符串对象；第 6 行代码输出 str1 时，字符串重写 toString() 方法，所以返回结果为"abc"而不是 str1 的地址。

第 7 行代码定义一个数组；第 8 行代码使用 public String(char[] value) 把字符数组的数据封装成字符串对象；第 9 行代码输出 str2 时，将字符数组 chs 中的数据转换为字符串，所以结果为 hello。

第 10 行代码使用 public String(char[] value,int offset,int count) 把字符数组中的一部分数据封装成字符串对象；第 11 行代码输出 str3 时，是从字符串数组 chs 中的索引为 1 的元素开始向右输出 4 个元素，所以结果为 ello。

对以上代码运行后，输出结果如图 7–4 所示。

```
🔲 Problems  @ Javadoc  📖 Declaration  💻 Console ☒
<terminated> StringDemo [Java Application] D:\develop\Java\jdk1.8.0_45\bin\javaw.exe
abc
hello
ello
```

图 7–4　查看输出结果

视 频

字符串的特点

7.2.2　String 类的特点

String 类具有以下特点：
- 直接赋值也可以是一个对象（定义一个字符串变量）；
- 字符串是一种比较特殊的引用数据类型，直接输出字符串对象输出的是该对象中的数据；
- 字符串的值在创建后不能被更改；
- 字符串是被共享的。

下面举例说明 String 类的特点，相关代码如下：

```java
package com.daojie.string;
public class StringDemo {
    public static void main(String[] args) {
        // 字符串的特点
        String s1 = "abc";
        String s2 = new String("abc");
        String s3 = "abc";
        System.out.println(s1 == s3);    // true
        System.out.println(s1 == s2);    // false
    }
}
```

在以上代码中，定义 s1、s2 和 s3 时是可以直接赋值的，也可以使用 new String() 赋值。如果定义 s1 后直接输出，则结果为 "abc"，因为直接输出字符串对象输出的是该对象中的数据，而不是该对象的地址。

运行以上代码后输出结果为 true 和 false，说明 s1 和 s3 的地址是同一个地址，s1 和 s2 的地址是不一样的。这和它们的内存相关，下面通过绘制内存示意图直观地理解输出的结果，如图 7–5 所示。

字符串以字符数组的形式在内存方法区的字符串常量池中，所以字符串 abc 以字符数组形式在字符串常量池中，这也说明字符串是共享的。在栈中的 s1 和 s3 是直接赋值的，所以都指向字符常量池中的字符串，因此 s1 和 s3 的地址是相同的。s2 是通过 new 赋值的，则在堆中开辟内存空间存放字符串并有新的地址，所以 s1 和 s2 的地址是不同的。

如果在代码中定义 s1 = "abcd"，为 s1 再定义一个字符串，相当于在字符串常量池中又开辟空

间存放 "abcd" 字符串，而原来的 "abc" 字符串仍然存在，所以，字符串的值在创建后是不会被更改的。

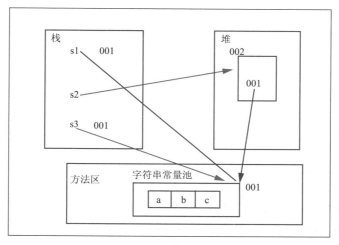

图 7-5 内存示意图

7.2.3 String 判断功能方法

String 判断功能方法如下：

- boolean equals(Object obj)：比较字符串的内容是否相同。
- boolean equalsIgnoreCase(String str)：比较字符串的内容是否相同，忽略大小写。
- boolean startsWith(String str)：判断字符串对象是否以指定的 str 开头。
- boolean endsWith(String str)：判断字符串对象是否以指定的 str 结尾。

下面举例说明 String 的判断功能方法，相关代码如下：

```
1  package com.daojie.string;
2  public class StringMethod {
3      public static void main(String[] args) {
4          // 判断功能方法
5          String s1 = "abc";
6          String s2 = new String("abc");
7          System.out.println(s1 == s2);                //false
8          System.out.println(s1);                      //abc
9          System.out.println(s2);                      //abc
10         System.out.println(s1.equals(s2));           //true
11         String s3 = "Abc";
12         System.out.println(s1.equals(s3));           //false
13         // 忽略大小写进行比较
14         System.out.println(s1.equalsIgnoreCase(s3)); //true
15         String s4 = "http://www.baidu.com";
16         // 判断是否以参数字符串作为前缀
17         System.out.println(s4.startsWith("http://")); //true
18         // 判断是否以参数字符串作为后缀
19         System.out.println(s4.endsWith(".com"));      //true
20     }
21 }
```

第 5 行代码为 s1 赋值 "abc"，第 6 行代码通过 new String() 为 s2 赋值 "abc"；第 7 行代码比较 s1

和 s2 的地址，返回 false；第 10 行代码使用 boolean equals(Object obj) 判断 s1 和 s2，返回 true，说明 s1 和 s2 的字符串一样。

第 11 行代码为 s3 赋值为 "Abc"，第 12 行代码使用 boolean equals(Object obj) 判断 s1 和 s3，返回 false，因为 s3 字符串的第一个字母是大写的。如果忽略字母大小写进行比较可以使用 boolean equalsIgnoreCase(String str)，第 14 行代码返回结果为 true。

第 15 行代码为 s4 赋值字符串，第 17 行代码使用 boolean startsWith(String str) 判断字符串的开头是否以指定的字符开头；第 19 行代码使用 boolean endsWith(String str) 判断字符串是否以指定的字符结尾。如果判断结果为真，则返回 true。

7.2.4　String 获取功能方法

● 视 频

string 获取功能方法

String 获取功能方法如下：

- int length()：获取字符串的长度，其实也就是字符个数。
- char charAt(int index)：获取指定索引处的字符。
- int indexOf(String str)：获取 str 在字符串对象中第一次出现的索引，没有返回 −1。
- String substring(int start)：从 start 开始截取字符串到字符串结尾。
- String substring(int start,int end)：从 start 开始，到 end 结束截取字符串，包括 start，不包括 end。

下面举例说明 String 获取功能方法，相关代码如下：

```
1  package com.daojie.string;
2  public class StringMethod {
3      public static void main(String[] args) {
4          // 获取字符串长度
5          String s5 = "afgrgrfe";
6          System.out.println(s5.length());
7          // 获取指定索引处的字符
8          System.out.println(s5.charAt(3));
9          // 获取字符串首次出现对应字符串（字符）的位置，如果找不到，返回 -1
10         System.out.println(s5.indexOf("gr"));
11         // 截取字符串
12         System.out.println(s5.substring(3));
13         System.out.println(s5.substring(2, 5));
14     }
15 }
```

运行代码后，输出结果如图 7-6 所示。

```
Problems  @ Javadoc  Declaration  Console ✕
<terminated> StringMethod [Java Application] D:\develop\Java\jdk1.8.0_45\bin\javaw.exe
8
r
2
rgrfe
grg
```

图 7-6　查看输出结果

第 5 行代码为 s5 赋值，第 6 行代码使用 int length() 获取 s5 字符串的长度为 8；第 8 行代码使用 char charAt(int index) 获取 s5 字符串索引为 3 的字符，返回为"r"；第 10 行代码使用 int indexOf (String str) 获取在 s5 字符串中第一次出现"gr"的索引；第 12 行代码使用 String substring(int start) 获取 s5 字符串中从索引为 3 的字符到结尾的字符；第 13 行代码使用 String substring(int start,int end) 获取从 s5 字符串的索引为 2 到索引为 5 之间的字符，此时需要注意截取字符串包括 2~4，不包括索引为 5 的字符。

（1）字符串的遍历。

需求描述：输出字符串中的每一个字符。

使用技能：

for 循环、根据索引获取字符。

（2）统计字符串中大写、小写及数字字符的个数。

视频
课堂案例——
遍历字符串

道捷云
小程序
案例 1 String
获取长度功能

视频
课程练习——
统计字符串中
字符个数

视频
string 转换功
能方法和课程
练习

7.2.5　String 转换功能方法

String 转换功能方法如下：

• char[] toCharArray()：把字符串转换为字符数组。

• String toLowerCase()：把字符串转换为小写字符串。

• String toUpperCase()：把字符串转换为大写字符串。

下面举例说明 String 转换功能方法，相关代码如下：

```
1  package com.daojie.string;
2  public class StringDemo02 {
3      public static void main(String[] args) {
4          // 转换功能方法
5          String s1 = "jrigd";
6          // 将字符串转换为字符数组
7          char[] chs = s1.toCharArray();
8          for (int i = 0;i < chs.length;i++){
9              System.out.println(chs[i]);
10         }
11         // 转换为大写
12         System.out.println("HelloWorld".toUpperCase());
13         // 转换为小写
14         System.out.println("HelloWorld".toLowerCase());
15     }
16 }
```

第 7 行代码使用 char[] toCharArray() 将 s1 定义的字符串转换为字符数组；为了展示效果第 8~10 行代码使用 for 循环将字符串遍历；第 12 行代码使用 String toLowerCase() 将"HelloWorld"字符串中所有字母转换为大写；第 14 行代码使用 String toUpperCase() 将"HelloWorld"字符串中所有字母转换为小写。

道捷云
小程序
案例 3 大小写
转换案例

键盘录入一个字符串，把该字符串的首字母转成大写，其余为小写。

视 频

去除空格和分
割功能方法

7.2.6 去除空格和分割功能方法

Java 中去除空格和分割功能方法如下：

• String trim()：去除字符串两端空格。

• String[] split(String str)：按照指定符号分割字符串。

下面举例说明去除空格和分割功能的方法，相关代码如下：

```
1  package com.daojie.string;
2  public class StringDemo03 {
3      public static void main(String[] args) {
4          String str = "      hello      world      ";
5          System.out.println(str);
6          // 去除两端空格
7          System.out.println(str.trim());
8          String str2 = "abcfr#jg#re";
9          String[] strs = str2.split("#");
10 //         for (int i = 0;i < strs.length;i++){
11 //             System.out.println(strs[i]);
12 //         }
13         // 增强 for 循环  格式：元素类型  元素名：要遍历的数组（集合）
14         for (String s : strs){
15             System.out.println(s);
16         }
17     }
18 }
```

第 4 行代码定义字符串，其中开头、中间和结尾均添加空格；第 7 行代码使用 String trim() 去除字符串两端的空格，保持中间空格。

第 8 行代码定义一个字符串并在需要分割位置添加"#"符号；第 9 行代码使用 String[] split(String str) 根据"#"分割字符串；第 10~12 行代码使用 for 循环进行遍历。

视 频

课程练习

在本例中使用常规的 for 循环方法对分割的字符进行遍历，第 14~16 行代码使用了增强 for 循环的方法。

增强 for 循环的格式如下：

> 元素类型 元素名：要遍历的数组（集合）

练一练

把数组中的数据按照指定格式拼接成一个字符串。

举例：数组 {1,2,3} 转换为字符串 [1,2,3]。

视 频

替换功能方法
和课程练习

7.2.7 替换功能方法

Java 中的替换功能方法如下：

• String replace(char oldChar,char newChar)：替换字符串中的单个字符。

• String replace(CharSequence oldStr, CharSequence newStr)：替换字符串中的指定内容。

下面举例说明替换功能方法，相关代码如下：

```
1  package com.daojie.string;
2  public class StringDemo04 {
3      public static void main(String[] args) {
4          String str = "daojiefeichanghao";
```

```
5          System.out.println(str.replace('o', 'O'));
6          System.out.println(str.replace("fei", "very"));
7      }
8  }
```

第 4 行代码创建字符串；第 5 行代码使用 String replace(char oldChar,char newChar) 将字符串中小写字母"o"替换为大写字母"O"，返回结果为 "daOjiefeichanghaO"；第 6 行代码使用 String replace(CharSequence oldStr, CharSequence newStr) 将"fei"字符替换为"very"字符，返回结果为 "daojieverychanghao"。

键盘输入数据，将数据中的字符"@"替换成"*"。

道捷云
小程序

案例 2 替换功
能举例说明

7.3　包装类

Java 中的数据类型分为基本数据类型和引用数据类型，其中基本数据类型是不具有对象特征的。包装类的产生就是为了解决基本数据类型存在的这样一些问题。

视 频

包装类

7.3.1　包装类概述

在实际程序使用中，程序界面上用户输入的数据都是以字符串类型进行存储的。而程序开发中，需要把字符串数据根据需求转换成指定的基本数据类型，如年龄需要转换成 int 类型，考试成绩需要转换成 double 类型等。

Java 中提供了相应的对象来解决该问题，基本数据类型对象包装类，即 Java 将基本数据类型值封装成了对象，可以提供更多的操作基本数值的功能。

基本数据类型包括 4 类 8 种，对应的包装类也包含对应的 8 种。包装类与基本数据类型对应关系如表 7-1 所示。

表 7-1　包装类与基本数据类型

基本数据类型	对应的包装类
byte	Byte
shot	Shot
int	Integer
long	Long
float	Float
double	Double
char	Character
boolean	Boolean

7.3.2　自动装箱和拆箱

Java 语言中，一切都是对象，但是有例外：8 个基本数据类型不是对象，因此在很多时候非常不方便。 为此，Java 为上面所说的 8 个基本类型提供了对应的包装类。那么，包装类如何使用呢？这就有了自动装箱和自动拆箱功能。

自动拆箱：将基本数据类型包装成引用数据类型。

自动装箱：将引用数据类型转换为基本数据类型。

下面以 Integer 包装类为例介绍自动装箱和自动拆箱功能，相关代码如下：

```
1  package com.daojie.packclass;
2  public class PackageDemo {
3      public static void main(String[] args) {
4          // 创建包装类的对象
5          // 装箱：将基本数据类型包装成引用数据类型
6          Integer in = new Integer(10);
7          System.out.println(in);
8          // 拆箱：将引用数据类型转换为基本数据类型
9          int i = in.intValue();
10         System.out.println("i = " + i);
11         // JDK1.5 特性：自动装箱和自动拆箱
12         Integer in1 = 10;
13         System.out.println(in1);
14         int j = in;
15         System.out.println("j = " + j);
16         // 当引用类型和对应的基本类型进行运算时，引用类型会自动拆箱
17         Integer in2 = 100;
18         int k = 100;
19         System.out.println(in2 == k);
20         Integer in5 = new Integer("123");
21         System.out.println(in5);
22     }
23 }
```

第 6 行代码是将 int 类型的 10 包装成引用类型，称为装箱，返回结果为 10。第 9 行代码是将 in 对象转换为 int 类型，称为拆箱，返回结果为 "i = 10"。第 12 行代码自动将右侧的 int 类型数据包装成左侧的引用类型，称为自动装箱，返回结果为 10。第 14 行代码是将 in 对象自动转换为 int 类型，称为自动拆箱，返回结果为 "j = 10"。

第 17 行代码通过自动装箱将基本数据类型 100 包装成引用类型；第 18 行代码定义整数变量 k 为 100。第 19 行代码比较对象 in2 和 k 的地址，结果为 true，这是因为引用类型和对应的基本类型进行运算时，引用类型会自动拆箱。

第 20 行代码是 Integer 的另一种构造方法，将字符串转换为 Integer 类型，输出结果为 123。

7.3.3　包装类特性

包装类具有以下特性：

• Byte 类中，所有对象地址都是固定的。

• Short、Integer、Long 类中，如果是 –128~127 范围内，那么对象地址是固定的，如果超出范围，那么会创建新的对象。

• Float 和 Double 类中，是直接创建新的对象。

• Character 类中，如果小于或等于 127，返回固定对象，其他情况直接创建新的对象。

下面举例说明包装类的相关特性，相关代码如下：

```
1  package com.daojie.packclass;
```

```
2   public class PackageDemo {
3       public static void main(String[] args) {
4           Integer in3 = 98;
5           Integer in4 = 98;
6           System.out.println(in3 == in4);
7       }
8   }
```

第 4 和第 5 行代码创建 in3 和 in4 对象，值均为 98；第 6 行代码比较 in3 和 in4 的地址，结果返回 true。如果将 98 修改为 998 时，则返回 false，这是因为 Integer 类中，98 在 –128~127 范围内，那么对象地址是固定的，所以输出结果为 true；998 超出范围，会创建新的对象，所以 in3 和 in4 的地址是不同的，输出结果为 false。

视频 ●·······
数学类

7.4　数学类

在解决实际问题时，对数字的处理是非常普遍的，如数学问题、随机问题和科学计数问题等。为了应用以上问题，Java 提供了处理相关问题的类——数学类。

7.4.1　数学类概述

Math（数学）类是包含用于执行基本数学运算的方法的数学工具类，如初等指数、对数、平方根和三角函数。类似这样的工具类，其所有方法均为静态方法，并且一般不会创建对象。

使用以下形式调用数学方法：

```
Math. 数学方法
```

通过 API 查看数学类，可见其方法都是被 static 关键字修饰的，说明都是静态方法。在 Math 类中除了函数方法之外还存在一些常用数学常量，如 PI 和 E 等。

使用以下形式调用数学常量：

```
Maht.PI
Maht.E
```

7.4.2　数学类常用方法

数学类的常用方法如下：

- static double abs(double a)：绝对值。
- static double ceil(double a)：向上取整。
- static double floor(double a)：向下取整。
- static double max(double a,double b)：最大值。
- static double min(double a,double b)：最小值。
- static double pow(double a,double b)：获取第一个参数的第二个参数次幂的值。
- static double random()：获取随机值。
- static long round(double a)：四舍五入。

下面举例说明 Math 类中的方法，相关代码如下：

```
1   package com.daojie.math;
2   public class MathDemo {
3       public static void main(String[] args) {
```

```
4            System.out.println(Math.PI);
5            // 求绝对值
6            System.out.println(Math.abs(-3.4));
7            // 向上取整
8            System.out.println(Math.ceil(-3.4));
9            // 向下取整
10           System.out.println(Math.floor(3.4));
11           // 求最大值
12           System.out.println(Math.max(3.56, 2.77));
13           // 求最小值
14           System.out.println(Math.min(2.98, 3.46));
15           // 获取第一个参数的第二个参数次幂的值
16           System.out.println(Math.pow(3, 2));
17           // 获取随机值 [0,1)，包含 0 不包含 1
18           System.out.println(Math.random());
19           // 四舍五入
20           System.out.println(Math.round(3.16));
21           // 求立方根
22           System.out.println(Math.cbrt(8));
23           // 求平方根
24           System.out.println(Math.sqrt(16));
25       }
26  }
```

运行代码后，输出结果如图 7-7 所示。

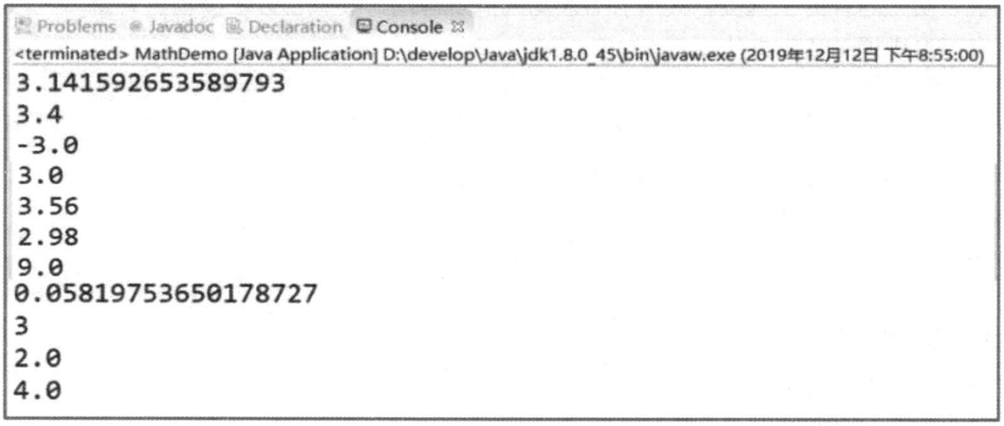

图 7-7　输出结果

第 4 行代码中输出 PI，结果为 3.141592653589793，因为圆周率是无限不循环的小数，所以计算机无法全部显示。然后对数学方法进行应用，第 6 行代码求绝对值，返回的结果为 3.4；第 8 行代码向上取整返回的结果为 -3.0；第 10 行代码向下取整的结果为 3。

第 12 行代码求最大值，结果为 3.56；第 14 行代码求最小值，结果为 2.98；第 16 行代码求第一个参数的第二个参数次幂的值返回结果为 9.0；第 18 行代码获取随机值时，每运行一次代码都会生成一个大于或等于 0 小于 1 的随机值。

第 20 行代码对数值进行四舍五入，返回结果为 3；第 22 行代码求立方根，返回结果为 2.0；第 24 行代码求平方根，返回结果为 4.0。

7.5 日期日历类

视 频 ●⋯⋯⋯⋯

日期和日期
格式类

在应用程序设计中，经常需要显示日期和日历，如某些网站。下面介绍日期日历类中常用的方法。

7.5.1 Date 类

Java.util 包提供了 Date 类来封装当前的日期和时间。Date 类表示特定的瞬间，精确到毫秒。可以将毫秒值转换为日期对象，也可以将日期对象转换为对象的毫秒值。

Date 类包含很多构造方法，下面介绍两个常用的构造方法，即 Date() 和 Date(long date)。Date() 使用当前日期和时间初始化对象；Date(long date) 接收一个参数，该参数是从 1970 年 1 月 1 日起的毫秒数。

下面举例说明这两种构造方法，相关代码如下：

```
package com.daojie.dateformat;
import java.util.Date;
public class DateDemo {
    public static void main(String[] args) {
        Date date = new Date();        // 创建日期对象
        System.out.println(date);
        Date date1 = new Date(1498789089563L);
        System.out.println(date1);
    }
}
```

运行代码后，输出结果如图 7-8 所示。

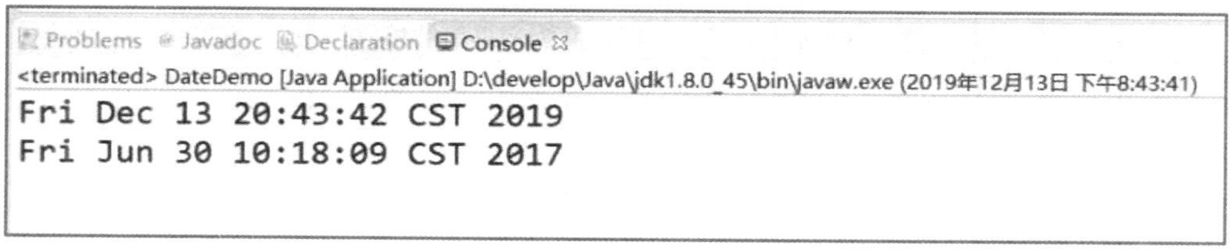

```
Problems  Javadoc  Declaration  Console
<terminated> DateDemo [Java Application] D:\develop\Java\jdk1.8.0_45\bin\javaw.exe (2019年12月13日 下午8:43:41)
Fri Dec 13 20:43:42 CST 2019
Fri Jun 30 10:18:09 CST 2017
```

图 7-8　查看输出结果

使用 Date() 构造方法可以输出当前日期和时间。使用 Date(long date) 构造方法时，其参数为 long 类型的数值，当其值为正数时，表示从计算机元年加上相应的值，单位是毫秒；如果该值为负数，从计算机元年减去相应的值。输出结果中的 CST 表示中国的标准时间。

> **提示：**
> 计算机元年是指 1970 年 1 月 1 日 0 时 0 分 0 秒。

7.5.2 DateFormat 类概述

DateFormat 是日期 / 时间格式化子类的抽象类，它以与语言无关的方式格式化并解析日期或时间。日期 / 时间格式化子类（如 SimpleDateFormat 类）允许进行格式化（日期转换为文本）、解析（文本转换为日期）和标准化。

DateFormat 可帮助进行格式化并解析任何语言环境的日期。对于月、星期，甚至日历格式（阴历和阳历），其代码可完全与语言环境的约定无关。

DateFormat 类有如下常用方法：

- String format(Date date)：将 Date 对象转换成 String。

- Date parse(String source)：将 String 转换为 Date。

下面举例说明 DateFormat 类的常用方法，相关代码如下：

```
1  package com.daojie.dateformat;
2  import java.text.ParseException;
3  import java.text.SimpleDateFormat;
4  import java.util.Date;
5  public class DateFormatDemo {
6      public static void main(String[] args) throws ParseException {
7          // 将日期转换为字符串
8  //      SimpleDateFormat sdf = new SimpleDateFormat("yyyy年MM月dd日  HH点mm分ss秒");
9  //      String str = sdf.format(new Date());
10 //      System.out.println(str);
11         // 将字符串转换为日期
12         SimpleDateFormat sdf = new SimpleDateFormat("yyyy/MM/dd");
13         Date date = sdf.parse("2018/3/1");
14         System.out.println(date);
15     }
16 }
```

第 8~10 行代码表示将当前日期和时间按照指定的字符串格式输出，输出结果如图 7-9 所示。

Problems ⓦ Javadoc ℞ Declaration ▯ Console ⊠

<terminated> DateFormatDemo [Java Application] D:\develop\Java\j

2019年12月13日 20点52分12秒

图 7-9　将当前日期转换为字符串的结果

将 Date 对象转换成 String 时，第 6 行代码是无异常的，即没有"throws ParseException"，此处异常是在将 String 转换为 Date 过程中产生的。

第 12~14 行代码是将字符串转换为日期，输出的结果如图 7-10 所示。

Problems ⓦ Javadoc ℞ Declaration ▯ Console ⊠

<terminated> DateFormatDemo [Java Application] D:\develop\Java\jdk1

Thu Mar 01 00:00:00 CST 2018

图 7-10　将字符串转换为日期的结果

在将字符串转换为日期时，需要注意日期格式和字符串的格式要匹配，否则会出现问题。例如，日期格式为"yyyy-MM-dd"，字符串格式为"2018/3/1"，运行时会出错。

● 视 频

日历类

7.5.3　Calendar 类概述

Calendar 是日历类，在 Date 之后出现的，替换掉许多 Date 的方法。该类将所有可能用到的时间信息封装为静态成员变量，以方便获取。

Calendar 为抽象类，由于语言敏感性，Calendar 类在创建对象时并非直接创建，而是通过静态方法创建，将语言敏感内容处理好后，再返回子类对象。

Calendar 类有如下常用方法：

• int get(int field)：返回给定日历字段的值。

• static Calendar getInstance()：使用默认时区和语言环境获得一个日历对象。

• Date getTime()：返回一个表示此 Calendar 时间值的 Date 对象。

• void set(int field,int value)：将给定的日历字段设置为给定值。

下面举例说明 Calendar 类的常用方法，相关代码如下：

```
1   package com.daojie.calendardemo;
2   import java.util.Calendar;
3   import java.util.Date;
4   public class CalendarDemo {
5       public static void main(String[] args) {
6           // 获取日历对象
7           Calendar c = Calendar.getInstance();
8           System.out.println(c);
9           System.out.println(c.get(Calendar.YEAR));
10          System.out.println(c.get(Calendar.MONTH));
11          System.out.println(c.get(Calendar.DAY_OF_MONTH));
12          // 修改日历
13          c.set(Calendar.YEAR, 2022);
14          System.out.println(c);
15          Date date = c.getTime();
16          System.out.println(date);
17      }
18  }
```

运行代码后，输出结果如图 7-11 所示。由于第 8、14 行代码输出内容比较多，无法显示完全，所以只展示部分信息。

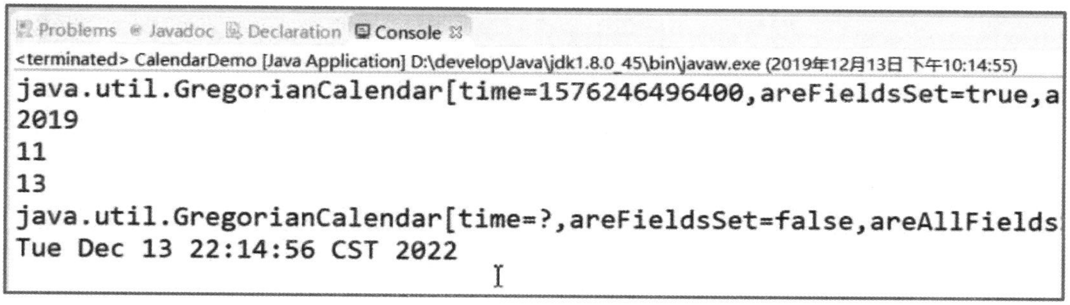

图 7-11　输出结果

第 8 行代码验证是否获取日历对象，从输出结果可见显示年为 2019、月为 11 和日为 13，其中月份的开始日期是 0，因此月份为 11 时表示现实中是 12 月。第 9~11 行代码分别输出当前日期的年份、月份和日。第 13、14 行代码是将日期的年份 2019 修改为 2022，从而可以修改日历。第 15、16 行代码是使用 getTime() 返回日期类型的格式，因为第 13 行代码将日期的年份修改为 2022，所以 getTime() 返回年份为 2022。

小　结

通过本章的学习，可以培养大家动手查看 API 的能力，提高大家的自学能力。通过

视 频

课程总结

Object 类的讲解，使我们对于 Java 继承树有了初步的认识。String 类是工作中使用频率很高的类，一定要熟练应用其中的常用方法。包装类在后面学习的集合中会经常用到，要理解自动装箱和自动拆箱的含义。数学类能够提高开发效率。日期日历类中一定要注意日期转换的格式。

习　题

一、思考题

结合 API 的讲解，体会面向对象思想。

二、编程题

1. 输入一个字符串，统计每一个字符出现的次数。

2. 输入一个字符串和一个数字，数字表示字节的个数，按照指定的字节个数截取字符串（使用 GBK 编码格式，如果出现乱码，那么舍弃乱码的内容）。

第 **8** 章

异常 & 集合 & 映射

视频 ●·····

内容介绍

学习目标

- 熟练定义和使用异常。
- 熟练使用集合的常用方法。
- 理解集合数据结构的特点。
- 熟练使用映射的常用方法。

本章首先介绍异常的概述、异常的分类、抛出异常、声明异常、自定义异常以及捕获异常等知识；然后介绍集合的概述、集合的顶级接口、collection 常用方法、子接口 List、迭代器、Set 接口、Queue 接口和泛型等；最后介绍映射的概述、常用方法和各种实现类。

8.1 异常

视频 ●·····

异常概述和
异常的分类

虽然 Java 语言的设计从根本上提供了便于写出整洁、安全代码的方法，但是程序员在程序设计和运行过程中，发生错误也是不可避免的。为此，Java 提供了异常处理机制来帮助程序员检查可能出现的错误，保证程序的可读性和可维护性。

8.1.1 异常概述

在 Java 等面向对象的编程语言中，异常本身是一个类，产生异常就是创建异常对象并抛出一个异常对象。Java 处理异常的方式是中断处理。

当出现异常时，异常在 Java 语言中以类的实例形式出现，异常的方法会创建一个对象，并且传递给正在运行的系统，通过处理异常的机制将非正常情况下处理的代码与程序的主逻辑分离，即在编写代码主流程的同时在其他地方处理异常。

执行代码出现异常时，异常之后的代码不会被执行，并且在控制台出现红色文字显示异常的信息，如图 8-1 所示。

```
 Problems  Javadoc  Declaration  Console ☒                                          ▬ ✕ ▨
<terminated> DateFormatDemo [Java Application] D:\develop\Java\jdk1.8.0_45\bin\javaw.exe (2019年12月13日 下午8:56:03)
Exception in thread "main" java.text.ParseException: Unparseable date: "2018/3/1"
        at java.text.DateFormat.parse(Unknown Source)
        at com.daojie.dateformat.DateFormatDemo.main(DateFormatDemo.java:17)
```

图 8-1　出现异常后控制台显示相关信息

123

8.1.2 异常的分类

异常的根类是 Throwable，其下有两个子类：Error 与 Exception。Error 称为错误，如果出现 Error 必须修改源代码进行处理；Exception 就是平常所说的异常，当出现 Exception 时，可以通过相关手段在程序执行期间处理。

Exception 分为以下几种：

- 编译时异常：编译时无法编译通过。除运行时异常外，其他都是编译时异常，编译期必须处理，否则编译失败。
- 运行时异常：RuntimeException 或者它的子类异常，编译期无须处理。

● 视频

throw 和 throws
关键字

8.1.3 抛出异常 throw

Java 提供的关键字 throw 用于抛出一个指定的异常对象。throw 用在方法内时，用于将抛出的异常对象传递到调用者处，并结束当前方法的执行。

使用格式：

```
throw new 异常类名 (参数);
```

下面举例说明抛出异常的处理方法，相关代码如下：

```
1  package com.daojie.exception;
2  public class ExceptionDemo {
3      public static void main(String[] args) {
4          getElement(new int[]{1,2,3,4,5});
5      }
6
7      // 定义一个方法，用于获取数组索引为 5 的元素
8      public static int getElement(int[] arr){
9          if (arr == null){
10             // 抛出空指针异常
11             throw new NullPointerException(" 第 11 行出现了空指针异常 ");
12         }
13         if (arr.length < 6){
14             throw new ArrayIndexOutOfBoundsException(" 第 14 行出现了数组越界异常 ");
15         }
16         return arr[5];
17     }
18 }
```

运行代码后，输出结果如图 8-2 所示。

```
Problems  Javadoc  Declaration  Console ✕
<terminated> ExceptionDemo [Java Application] D:\develop\Java\jdk1.8.0_45\bin\javaw.exe (2019年12月14日 上午11:08:20)
Exception in thread "main" java.lang.ArrayIndexOutOfBoundsException: 第14行出现了数组越界异常
        at com.daojie.exception.ExceptionDemo.getElement(ExceptionDemo.java:15)
        at com.daojie.exception.ExceptionDemo.main(ExceptionDemo.java:5)
```

图 8-2   数组越界异常

从输出信息可知异常为数组越界异常，因为第 4 行代码定义的数组为一维 5 个元素的数组，索引最大值为 4，而第 16 行代码返回索引为 5 的值，所以出现该异常。第 14 行代码使用 throw 关键字抛出一个指定的异常对象，在异常信息中显示指定的信息。

代码从 main 方法开始运行，在运行第 14 行时出现异常，然后向上查找对应的方法（getElement）。

而 getElement 方法没有解决数组越界异常，继续向外抛给 main 方法，然后 main 方法也向上抛，最终抛给 GVM。GVM 无法处理该异常，于是代码运行到第 14 行就停止了，而且将异常的信息显示在控制台上。

如果将第 4 行代码修改为"getElement(null);"，然后运行第 8~11 行和第 14 行代码，在控制台中显示空指针异常，如图 8-3 所示。

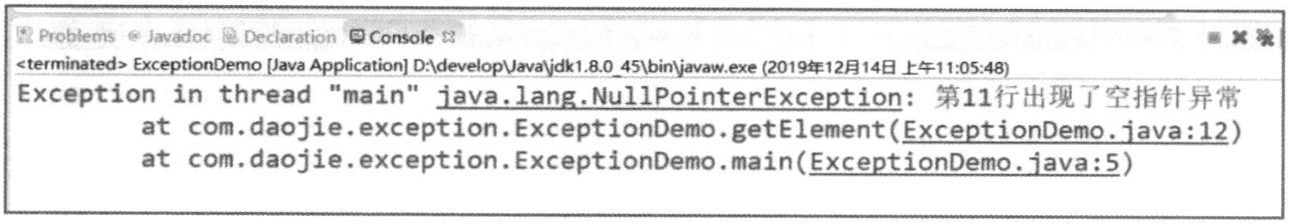

```
🔲 Problems @ Javadoc 🔲 Declaration 🔲 Console 🔀                            ■ ✖ ❊
<terminated> ExceptionDemo [Java Application] D:\develop\Java\jdk1.8.0_45\bin\javaw.exe (2019年12月14日 上午11:05:48)
Exception in thread "main" java.lang.NullPointerException: 第11行出现了空指针异常
        at com.daojie.exception.ExceptionDemo.getElement(ExceptionDemo.java:12)
        at com.daojie.exception.ExceptionDemo.main(ExceptionDemo.java:5)
```

图 8-3　空指针异常

因为定义的数组为 null，所以输出结果为空指针异常。第 11 行代码使用 throw 关键字抛出一个指定的异常对象，在异常信息中显示指定的信息。

8.1.4　声明异常 throws

如果方法内通过 throw 抛出了编译时异常，而没有捕获处理，那么必须通过 throws 进行声明，让调用者去处理。

声明异常的格式：

修饰符　返回值类型　方法名（参数）throws 异常类名 1，异常类名 2… {   }

throws 用于进行异常类的声明，若该方法可能有多种异常情况产生，那么在 throws 后面可以写多个异常类，用逗号隔开。

下面举例说明声明异常的处理，接着上面的抛出异常的例子在 main 方法中输入相关代码：

```
1  package com.daojie.exception;
2  import java.text.ParseException;
3  import java.text.SimpleDateFormat;
4  import javax.print.PrintException;
5  import javax.security.auth.callback.UnsupportedCallbackException;
6  public class ExceptionDemo {
7  public static void main(String[] args) throws Exception {
8      getElement(new int[]{1,2,3,4,5});
9      demo01();
10 }
11 public static void demo01() throws Exception{
12     demo();
13 }
14 public static void demo() throws Exception{
15     SimpleDateFormat sdf = new SimpleDateFormat();
16     sdf.parse("");
17 }
```

第 16 行代码使用 parse() 解析字符串时编译错误，此处出现异常，但是如果不想解决异常，只需要在方法名右侧使用 throws 关键字声明该异常即可。

throws 的右侧可以输入多个异常，之间使用逗号隔开即可，也可以使用异常的父类 Exception。第 14 行代码中声明异常的父类。

如果在一个方法中调用抛出异常方法中的元素时，调用的方法必须要抛出异常。在本例中，第

12 行代码调用抛出异常方法 demo()，所以该方法必须抛出异常。第 9 行代码调用 demo01()，所以 main 方法也要抛出异常。

8.1.5　自定义异常

在 Java 中，若现有的异常类型不能表示业务中的错误情况，可以自定义新的异常类型。

格式如下：

```
class 异常名 extends Exception{  // 或继承 RuntimeException
    public 异常名(){
    }
    public 异常名(String s){
        super(s);
    }
}
```

下面举例说明自定义异常的方法，相关代码如下：

```
package com.daojie.exception;
public class Test {
    public static void main(String[] args) throws PathNotExistException, FileFormatException {
        String str = readtTxt("P:\\a.txt");
        System.out.println(str);
    }
    // 定义一个方法读取文件
    public static String readTxt(String path) throws PathNotExistException, FileFormatException {
        // 校验路径是否存在
        if (path.startsWith("P:")) {
            throw new PathNotExistException("路径不存在，请检查输入的路径是否合理");
        }
        // 判断文件格式是否正确
        if (!path.endsWith(".txt")) {
            throw new FileFormatException();
        }
        return "文件读取成功了~~";
    }
}
// 自定义异常
class FileFormatException extends Exception {
    // 提供无参构造方法
    public FileFormatException() {
    }
    // 提供含参的构造方法
    public FileFormatException(String message) {
        super(message);
    }
}
class PathNotExistException extends Exception {
    // 提供无参构造方法
    public PathNotExistException() {
    }
    // 提供含参的构造方法
    public PathNotExistException(String message) {
        super(message);
    }
}
```

在检验路径是否存在时，需要一个异常（PathNotExistException），而且该异常在 API 中是不存在的，所以需要自定义异常。首先定义该异常的类并继承异常，然后创建无参和含参的构造方法。自定义完异常后还需要声明异常。如果出现自定义路径不存在异常的情况，在控制台将显示相关信息，如图 8-4 所示。

```
Problems  Javadoc  Declaration  Console ⊠
<terminated> Test (16) [Java Application] D:\develop\Java\jdk1.8.0_45\bin\javaw.exe (2019年12月14日 上午11:30:59)
Exception in thread "main" com.daojie.exception.PathNotExistException
        at com.daojie.exception.Test.readTxt(Test.java:13)
        at com.daojie.exception.Test.main(Test.java:5)
```

图 8-4　自定义异常的效果

在检验文件格式时，需要一个异常，然后根据创建路径不存在异常的方法自定义文件格式异常。当代码中出现文本格式异常时，在控制台也会显示相关异常信息。

视 频

捕获异常

8.1.6　捕获异常

Java 中对异常有针对性的语句进行捕获，可以对出现的异常进行指定方式的处理。

捕获异常的格式如下：

```
try {
    // 需要被检测的语句
}
catch(异常类 变量) { // 参数
    // 异常的处理语句
}
finally {
    // 一定会被执行的语句
}
```

下面举例说明捕获异常的含义，接着上面的自定义异常的案例，注释掉自定义文件格式异常的代码，只展示捕获异常的相关代码，代码如下：

```
package com.daojie.exception;
public class Test {
    public static void main(String[] args) {
        String str = null;
        try {
            // 可能出现异常的代码
            str = readTxt("P:\\a.avi");
        } catch (PathNotExistException e) {
            // 打印栈轨迹
            e.printStackTrace();
            System.out.println(e.getMessage());
        }finally{
        // 一定要被执行的代码
        }
        System.out.println(str);
        System.out.println(" 程序继续执行 ");
    }
}
```

运行代码，输出结果如图 8-5 所示。

图 8-5　查看输出结果

从运行结果可见，运行所有代码并输出结果，没有因为出现异常而终止。因为将可能出现异常的代码用 try-catch 语句块进行处理了，在 try 代码块中的语句发生异常了，而程序就会跳转到 catch 代码块中执行，最后再执行 catch 代码块后的其他代码。

完整的异常处理语句一定要包含 finally 语句，无论程序中有无异常发生，无论 try-catch 语句块是否顺利执行完毕，都会执行 finally 语句。

● 视 频

8.1.7　捕获异常的特点

捕获异常具有以下特点：

- 如果出现了多个异常，并且每个异常的处理方式都不一样，可以多个 catch 分别捕获分别处理；
- 如果所有异常的处理方式都一样，可以捕获这些异常的父类，然后进行统一处理；
- 从 JDK1.7 开始，如果异常的处理进行了分组，那么同一组异常之间用 | 隔开，从而进行分组；

捕获异常特点

- 捕获异常时需要先捕获子类后捕获父类。

接着上一例子介绍捕获异常的特点，为了代码能更加直观地展示各个捕获异常的特点，只展示捕获异常的相关代码。首先介绍多个 catch 分别捕获分别处理的特点，相关代码如下：

```
try {
    // 可能出现异常的代码
    str = readTxt("P:\\a.avi");
}catch(PathNotExistException e){
    // 打印栈轨迹
    e.printStackTrace();
    System.out.println(e.getMessage());
} catch (FileFormatException e) {
    System.out.println(" 对文件格式异常进行处理 ")
}
System.out.println(str);
System.out.println(" 程序继续执行 ");
```

从代码中可见，使用 catch 代码块分别捕获路径异常和文件格式异常，运行代码后会输出相关的结果。

接着，介绍捕获相同异常父类的方法，相关代码如下：

```
try {
    // 可能出现异常的代码
    str = readTxt("P:\\a.avi");
}catch(Exception e){
    // 打印栈轨迹
    e.printStackTrace();
```

```
        System.out.println(e.getMessage());
    }
    System.out.println(str);
    System.out.println(" 程序继续执行 ");
```

如果捕获的异常处理方法一致，可以直接使用一个 catch 代码块捕获其父类，然后使用统一的方式进行处理。

下面介绍使用 "|" 隔开同一组异常的方法，相关代码如下：

```
try {
    // 可能出现异常的代码
    str = readTxt("P:\\a.avi");
}catch(PathNotExistException | FileFormatException e){
    // 打印栈轨迹
    e.printStackTrace();
    System.out.println(e.getMessage());
} catch(NullPointerException e){
    System.out.println(" 空指针异常 ");
}
System.out.println(str);
System.out.println(" 程序继续执行 ");
```

从 JDK1.7 版本开始，可以对异常进行分组，并使用统一方式处理。以上代码将路径异常和文件格式异常用 catch(PathNotExistException | FileFormatException e) 语句分为一组并处理，空指针异常使用 catch 代码块单独捕获处理。

最后，验证捕获异常时需要先捕获子类，后捕获父类的特点，相关代码如下：

```
try {
    // 可能出现异常的代码
    str = readTxt("P:\\a.avi");
}catch(NullPointerException e){
    System.out.println(" 空指针异常 ");
} catch (Exception e) {
    // 打印栈轨迹
    e.printStackTrace();
    System.out.println(e.getMessage());
}
System.out.println(str);
System.out.println(" 程序继续执行 ");
```

以上代码先捕获空指针异常，再捕获父类异常，是没有问题的。如果先捕获父类异常，则捕获空指针异常时出现编译错误。因为父类异常包括空指针异常，所以执行父类异常后不会再执行空指针异常。

8.2 集合

Java 中提供了不同的集合类，这些类具有不同存储对象的方式，并提供了相应的方法以方便用户对集合进行遍历、添加、删除以及查找指定的对象。

8.2.1 集合概述

集合是 Java 数据结构的实现。Java 的集合是 java.util 包中的重要内容，它允许以各种方式将元素分组，并定义了各种使这些元素更容易操作的方法。Java 集合类是 Java 将一些基本的和使用频率极高的基础类进行封装和增强后再以一个类的形式提供。集合类是可以往里面

视 频

集合概述和
常用方法

保存多个对象的类，存放的是对象，不同的集合类有不同的功能和特点，适合不同的场合，用以解决一些实际问题。

　　Collection 是集合中的顶级接口，它有很多子接口和实现类，目前重点学习 List 接口、Set 接口和 Queue 接口，其中每一个接口都有自己的子接口和实现类。

　　构成 Collection 的单位称为元素。Collection 接口通常不能直接使用，但该接口提供了添加元素、删除元素和管理数据的方法。

8.2.2　Collection 常用方法

Collection 具有如下常用方法：
- boolean add(E e)：添加元素。
- void clear()：清空元素。
- boolean contains(Object o)：判断是否包含元素。
- boolean equals(Object o)：比较元素是否相等。
- boolean isEmpty()：判断集合是否为空。
- boolean remove(Object o)：删除指定元素。
- int size()：集合的长度。
- Object[] toArray()：转换为数组。

下面举例说明 Collection 的常用方法，相关代码如下：

```
1  package com.daojie.collection;
2  import java.util.ArrayList;
3  import java.util.Collection;
4  public class CollectionDemo {
5      public static void main(String[] args) {
6          // 创建集合对象
7          Collection<String> coll = new ArrayList<String>();
8          // 添加数据
9          coll.add("iOS");
10         coll.add("Java");
11         coll.add("C#");
12         coll.add("C++");
13         // 清空集合
14 //      coll.clear();
15         // 判断是否包含元素
16 //      boolean b = coll.contains("IOS");
17 //      System.out.println(b);
18         // 判断集合是否为空
19         boolean b1 = coll.isEmpty();
20         System.out.println(b1);
21         // 删除指定元素
22         System.out.println(coll.remove("C+"));
23         // 集合的长度
24         System.out.println(coll.size());
25         // 转换为数组
26         String[] objs = coll.toArray(new String[0]);
27         for (String o : objs) {
28             System.out.println(o);
29         }
30         System.out.println(coll);
31         // 创建集合对象
```

```
32          Collection<String> coll1 = new ArrayList<String>();
33          coll1.add(new String("ioS"));
34          coll1.add("Java");
35          coll1.add("C#");
36          coll1.add("C++");
37          System.out.println(coll.equals(coll1));
38       }
39 }
```

运行代码后，输出结果如图 8-6 所示。

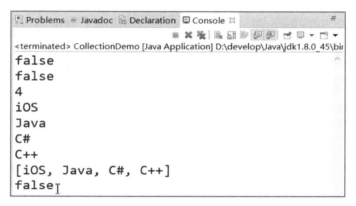

图 8-6　输出结果

第 7 行代码创建集合对象，用于存放字符串类型；第 9~12 行代码使用 boolean add(E e) 方法添加字符串；第 14 行代码是使用 void clear() 方法清除集合中的元素。

第 16 代码使用 boolean contains(Object o) 方法判断集合中是否包含 "IOS"，第 17 行代码输出结果为 false，因为集合中的元素是区分字母的大小写。第 19 行代码使用 boolean isEmpty() 方法判断集合是否为空，第 20 行代码输出结果为 false，表示集合内有元素。如果将第 14 行的清除集合的代码取消注释，则第 20 行代码输出结果为 true。

第 22 行代码使用 boolean remove(Object o) 删除指定元素，代码中需要删除 "C+"，在集合中没有该元素，所以返回值为 false，如果删除集合中包含的元素，则返回值为 true。第 24 行代码使用 int size() 方法返回集合的长度，输出结果为 4，说明集合中包含 4 个元素。返回集合长度使用 size 而不是 length，返回的值是 int 类型。

第 26 行代码将 Object 数组转换为 String 数组，第 27~29 行代码将数组进行遍历，返回集合中所有元素。

第 32~36 行代码创建集合对象并添加元素，第 37 行代码使用 boolean equals(Object o) 方法比较 coll 和 coll1 两个集合中元素是否相等，返回结果为 false。在比较两个集合中元素是否相等时，只比较两个集合中的元素，不比较元素的地址。

8.2.3　集合的子接口 List

List 接口继承 Collection 接口，因此包含 Collection 的所有方法。List 接口有四大实现类，分别为 ArrayList、LinkedList、Vector 和 Stack。

List 接口的特点：

•有序的集合。

视频 ●┈┈┈

List 接口

- 具有索引。
- 允许存储重复的元素。

List 接口的常用方法如下：

- boolean add(int index,E element)：向指定索引处插入元素。
- E get(int index)：获取指定索引处的元素。
- E remove(int index)：删除指定索引处的元素。
- E set(int index,E element)：设置指定索引处的元素。
- List<E> subList(int fromIndex,int toIndex)：根据索引截取子列表。
- int indexOf(Object o)：获取指定元素在列表中第一次出现的索引。
- int lastIndexOf(Object o)：获取指定元素在列表中最后一次出现的索引。

下面举例说明 List 接口的常用方法，相关代码如下：

```
1  package com.daojie.collection;
2  import java.util.ArrayList;
3  import java.util.List;
4  public class ListDemo {
5      public static void main(String[] args) {
6          // 创建 List 对象
7          List<String> list = new ArrayList<String>();
8          list.add("iOS");
9          list.add("C");
10         list.add("C++");
11         list.add("Java");
12         // 插入数据
13         list.add(1, "C#");
14         System.out.println(list);
15         // 获取指定索引处的元素
16         System.out.println(list.get(3));
17         // 删除指定索引处的元素并返回
18         String str = list.remove(2);
19         System.out.println(str);
20         System.out.println(list);
21         // 修改指定索引处的元素
22         list.set(1, "张三");
23         // 根据传入的索引截取子列表 包头不包尾
24         List<String> sublist = list.subList(1, 3);
25         System.out.println(sublist);
26         // 获取指定元素在列表中第一次出现的索引
27         list.add("iOS");
28         list.add("Java");
29         System.out.println(list);
30         int index = list.indexOf("CCC");
31         System.out.println(index);
32         // 获取指定元素在列表中最后一次出现的索引
33         int index1 = list.lastIndexOf("CCC");
34         System.out.println(index1);
35     }
36 }
```

运行代码后，输出结果如图 8-7 所示。

第 7~11 行代码用于创建 List 对象，其中包含 4 个元素；第 13 行代码使用 boolean add(int index,E element) 方法在索引为 1 的位置插入 "C#"；第 14 行代码输出 List 对象时即可在 iOS 元素右侧插入 C#。

第 16 行代码使用 E get(int index) 方法获取 List 对象中索引为 3 的元素；第 18 行代码使用 E remove(int index) 方法删除索引为 2 的元素，第 19 行代码返回索引为 2 对应的元素，第 20 行代码输出删除指定索引元素后的 List 对象中的元素。

```
Problems @ Javadoc Declaration Console
<terminated> ListDemo [Java Application] D:\develop\Java\jdk1.8.0_45\bin\javaw
[iOS, C#, C, C++, Java]
C++
C
[iOS, C#, C++, Java]
[张三, C++]
[iOS, 张三, C++, Java, iOS, Java]
-1
-1
```

图 8-7 输出结果

第 22 行代码使用 E set(int index,E element) 方法将 List 对象中索引为 1 的元素修改为 " 张三 "；第 24 行代码使用 List<E> subList(int fromIndex,int toIndex) 方法截取 List 对象中索引为 1~3 的元素，其中包含索引为 1 和 2 的元素，不包含索引为 3 的元素；第 30 行代码使用 int indexOf(Object o) 方法获取指定元素在 List 对象列表中第一次出现的索引，如果没有找到指定的元素则返回 -1；第 33 行代码使用 int lastIndexOf(Object o) 方法获取指定元素在 List 对象列表中最后一次出现的索引，如果没有找到指定的元素则返回 -1。

8.2.4 ArrayList 类

ArrayList 是 List 接口的实现类。ArrayList 类实现了可变的数组，允许保存所有元素，包括 null，并可以根据索引位置对集合进行快速地随机访问。

ArrayList 类具有以下特点：
• ArrayList 类内部的数据结构是数组。
• ArrayList 类查询速度快，增删速度慢，是异步线程不安全的。
• ArrayList 类默认初始容量是 10，每次默认扩容是在当前容量基础上增加一半容量。
• ArrayList 类的构造方法可以指定其初始容量。
• ArrayList 类是内存连续的。

因为 ArrayList 类内部的数据结构是数组，所以查询速度快，增删速度慢，这是因为在数组中使用索引查找数据比较简单，而增删数组中的元素时，其他元素都会相应地移动，所以增删速度比较慢。

8.2.5 LinkedList 类

LinkedList 类具有以下特点：
• LinkedList 类是 List 接口的实现类。
• LinkedList 类内部的数据结构是链表。
• LinkedList 类查询速度慢，增删速度快，是异步线程不安全的。
• LinkedList 类是内存不连续的。

下面举例说明 LinkedList 类的特点，相关代码如下：

```java
package com.daojie.collection;
import java.util.LinkedList;
public class LinkedListDemo {
    public static void main(String[] args) {
        LinkedList<String> list = new LinkedList<String>();
        list.add("abc");
        list.add("qwe");
        list.add("aaa");
        System.out.println(list);
    }
}
```

绘制图形演示上面的代码添加数据的过程，如图 8-8 所示。

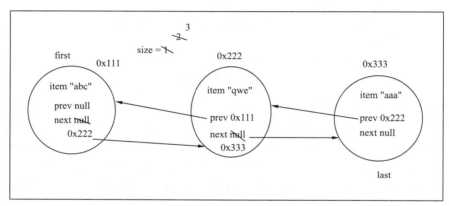

图 8-8　添加数据过程图

首先创建一个节点，节点中包含 3 个属性，分别为 item、prev 和 next。第一个节点中 item 为 "abc"，其他两个属性为 null，其中 first 和 last 结果都是第一个节点。当再添加数据时，又创建一个节点，item 为 "qwe"，prev 为第一个节点的地址，next 还是 null，此时 last 为第二个节点。根据相同的方法继续添加数据即可。

由图 8-8 可见 LinkedList 类内部的数据结构是链表。如果查询某元素需要从第一个元素逐个查找，所以查询速度比较慢。如果删除某元素，只需要修改相邻元素的 next 和 prev 两个属性，其他元素不变，所以增删速度比较快。

8.2.6　Vector 类

视　频

Vector

Vector 类和 ArrayList 类有一些相似，其内部都是通过一个容量能够动态增长的数组来实现的。Vector 类可以实现可增长的对象数组。

Vector 类具有以下特点：

• Vector 类是 List 接口的实现类。

• Vector 类内部的数据结构是数组。

• Vector 类查询速度快，增删速度慢，是线程安全的集合。

• Vector 类默认初始容量为 10，每次扩容为原来容量的一倍。

下面举例说明 Vector 类的应用，相关代码如下：

```java
1 package com.daojie.collection;
```

```
2  import java.util.Vector;
3  public class VectorDemo {
4      public static void main(String[] args) {
5          Vector<String> v  = new Vector<String>(10,5);
6          v.add("1");
7          v.add("2");
8          v.add("3");
9          v.add("4");
10         v.add("5");
11         v.add("6");
12         v.add("7");
13         v.add("8");
14         v.add("9");
15         v.add("10");
16         v.add("11");
17         // 获取容量
18         System.out.println(v.capacity());
19     }
20 }
```

运行代码后，输出结果为 15。在第 5 行代码中指定了初始容量为 10、向量增量为 5，在上面的代码中向量增量大于 0，且添加了 11 个数据，添加的数据量大于当前数据容器的最大容量 10，所以新的数据容器的容量为初始容量加上向量增量，输出结果为 15。

Vector 类默认初始容量为 10，每次扩容为原来容量的一倍。所以如果没有添加数据，则数据容器的容量为 10，输出结果为 10；而如果添加了超过 10 个数据，且没有指定向量增量的话，则 Vector 类的数据容器的容量扩容为原来的一倍，输出结果为 20。

8.2.7 迭代器

视频

迭代器

迭代器（Iterator）是一种对象，能够用来遍历标准模板库容器中的部分或全部元素，每个迭代器对象代表容器中确定的地址。

迭代器常用方法：

• boolean hasNext()：判断是否有下一个元素。

• E next()：获取下一个元素。

• default void remove()：删除元素。

下面举例说明迭代器的常用方法，相关代码如下：

```
1  package com.daojie.collection;
2  import java.util.ArrayList;
3  import java.util.Iterator;
4  public class IteratorDemo {
5      public static void main(String[] args) {
6          ArrayList<Integer> list = new ArrayList<Integer>();
7          list.add(3);
8          list.add(4);
9          list.add(5);
10         System.out.println(list);
11         // 遍历
12         Iterator<Integer> it = list.iterator();
13         // 迭代器的删除方法支持一边遍历一边删除
14         while (it.hasNext()){
15             Integer in = it.next();
16             it.remove();
```

```
17                System.out.println(in);
18            }
19        System.out.println(list);
20    }
21 }
```

运行代码后，输出结果如图 8-9 所示。

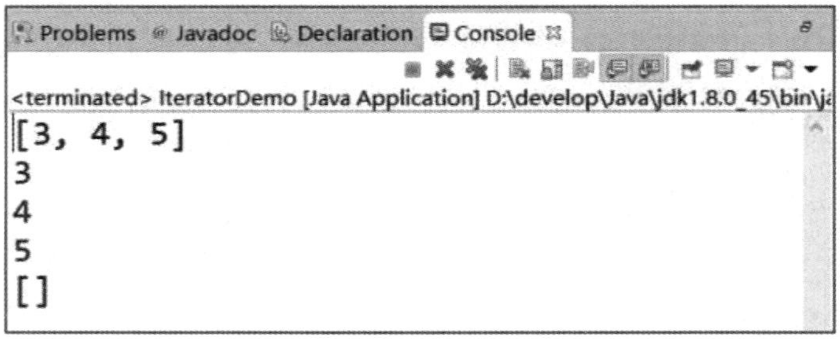

图 8-9　输出结果

第 14 行代码使用 boolean hasNext() 方法判断是否有下一个元素；第 15 行代码使用 E next() 方法获取下一个元素，然后输出即可将定义的数组遍历；第 16 行代码使用 default void remove() 方法删除数组元素，输出 list 可见数组中元素被删除。由以上代码输出结果可知，迭代器的删除方法支持一边遍历一边删除。

视频

Stack

8.2.8　Stack 类

Stack 称为栈，是 Vector 的子类。Stack 类遵循后进先出的原则（LIFO）。

入栈就是向栈中存元素，把元素存储到栈的顶端位置，栈中已有的元素依次向栈底方向移动一个位置，又称压栈。

出栈就是从栈中取元素，把栈的顶端位置元素取出，栈中已有元素依次向栈顶方向移动一个位置，又称弹栈。

Stack 类的常用方法如下：

• E peek()：获取栈顶元素。

• E pop()：获取并删除栈顶元素。

• void push(E item)：压栈。

• int Search(Object o)：搜索元素。

下面举例说明 Stack 类的常用方法，相关代码如下：

```
1  package com.daojie.collection;
2  import java.util.Stack;
3  public class StackDemo {
4      public static void main(String[] args) {
5          // 创建栈对象
6          Stack<String> stack = new Stack<String>();
7  //      stack.add("adf");
8  //      stack.add("bnm");
9  //      stack.add("qwe");
10         System.out.println(stack);
11         // 弹栈
```

```
12  //       String str = stack.pop();
13  //       System.out.println(str);
14  //       System.out.println(stack);
15  //       String str = stack.peek();
16  //       System.out.println(str);
17  //       System.out.println(stack);
18           // 入栈
19           stack.push("a");
20           stack.push("b");
21           stack.push("c");
22           stack.push("d");
23           stack.push("e");
24           System.out.println(stack);
25           // 搜索
26           int index = stack.search("b");
27           System.out.println(index);
28       }
29  }
```

第 6~9 行代码创建栈对象，第 10 行代码输出创建的 stack 对象；第 12 行代码使用 E pop() 方法获取 stack 中的栈顶元素，并在栈中删除获取的元素；第 13、14 行代码分别输出获取的元素和获取后的 stack 中的元素，如图 8–10 所示。

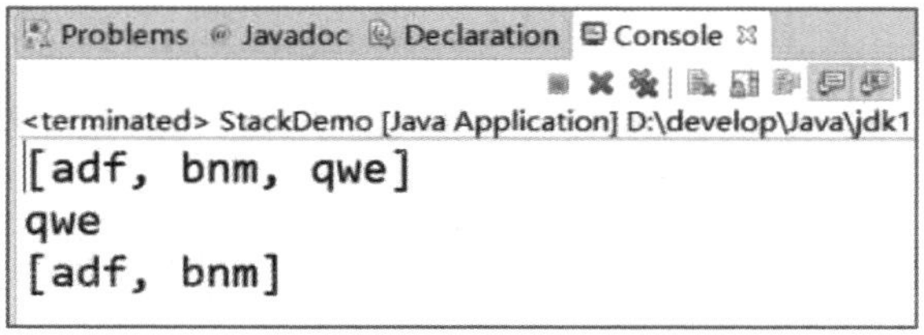

图 8–10　使用 E pop() 方法的结果

第 15 行代码使用 E peek() 方法获取 stack 中栈顶元素；第 16、17 行代码分别输出获取的元素和获取元素后 stack 类中的元素，如图 8–11 所示。从运行结果可见，使用 E peek() 方法弹栈时，不会影响原来栈中的元素。

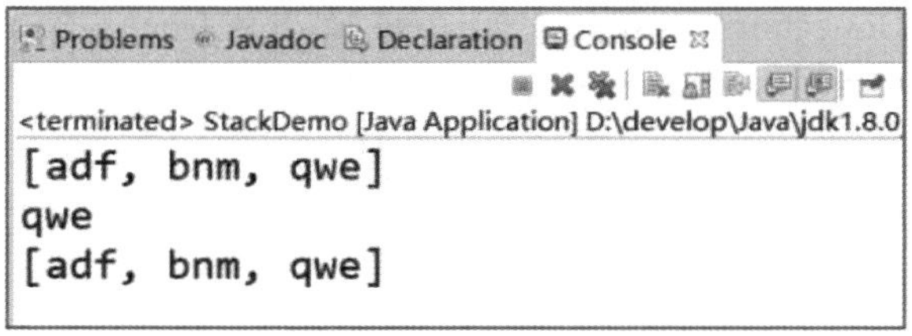

图 8–11　使用 E peek() 方法输出的结果

如果栈中没有元素，则使用 E pop() 和 E peek() 方法弹栈时，都会出现空栈异常。

第 19~23 行代码使用 void push(E item) 方法为栈添加元素，输出该栈即可将元素添加到栈中。

第 26 行代码使用 int Search(Object o) 方法搜索指定的元素，如搜索 "b"，输出结果如图 8–12 所示。因为是从栈顶到栈底进行搜索，并且是以 1 开始的。

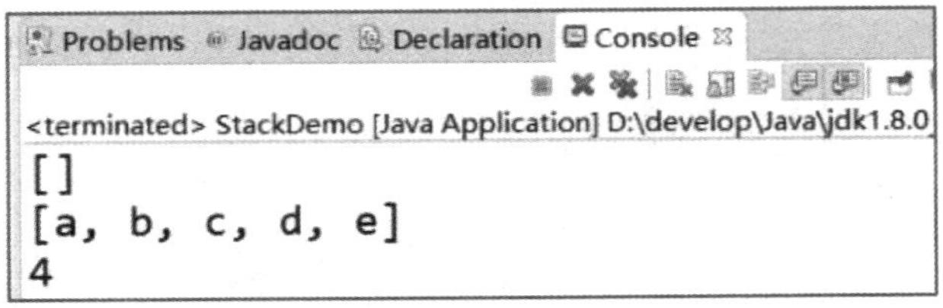

图 8–12　搜索结果

● 视 频

Set 接口和
Hashset

8.2.9　Set 接口

Set 接口称为散列集合，是 Collection 接口的子接口。Set 接口中的元素不可以重复。

HashSet、LinkedHashSet 是 Set 接口的实现类。

HashSet 是 Set 接口的实现类，存储无序、唯一的对象。

HashSet 类的特点如下：

- 底层基于 HashMap 结构。
- 存储不重复的元素。
- 元素位置可能发生改变。
- 无序。
- 线程不安全。
- HashSet 类的默认初始容量为 16，默认加载因子为 0.75。HashSet 类可以指定初始容量，但是底层经过计算保证容量一定是 2 的 N 次方的形式。

● 视 频

LinkedHashset

LinkedHashSet 类继承自 HashSet 类，也是 Set 接口的实现类。

LinkedHashSet 类的特点如下：

- 有序的集合。
- 底层数据结构是哈希表和双向链表。
- 线程不安全的集合。

8.2.10　Queue 接口

● 视 频

Queue 接口

Queue 接口是 Collection 的子接口。LinkedList 类是 Queue 接口的实现类，所以 LinkedList 类也可以当作队列来使用。Queue 接口也为队列，遵循先进先出（FIFO）的原则。

Queue 接口的常用方法：

- boolean add(E e)：添加元素。
- E element()：获取队列头部元素。
- E peek()：获取队列头部元素，如果队列为空，则抛出异常。
- boolean offer(E e)：添加元素。
- E poll()：移除元素。
- E remove()：移除元素，如果没有元素则抛出异常。

下面举例说明 Queue 接口的常用方法，相关代码如下：

```
1  package com.daojie.collection;
2  import java.util.LinkedList;
3  import java.util.Queue;
```

```
4  public class QueueDemo {
5      public static void main(String[] args) {
6          Queue<String> queue = new LinkedList<String>();
7          // 添加元素
8  //      queue.add("abc");
9  //      queue.offer("def");
10         System.out.println(queue);
11         // 获取元素，如果队列为空，那么返回 null
12 //      System.out.println(queue.peek());
13         // 获取元素，如果队列为空，那么就抛出异常
14 //      System.out.println(queue.element());
15         // 移除元素，如果队列为空，那么返回 null
16 //      System.out.println(queue.poll());
17         // 移除元素，如果队列为空，那么就抛出异常
18         System.out.println(queue.remove());
19         System.out.println(queue);
20     }
21 }
```

第 8、9 行代码使用 boolean add(E e) 和 boolean offer(E e) 方法，为 queue 接口添加元素。

第 12、14 行代码使用 E peek() 和 E element() 方法获取队列头部元素，输出结果都是 "abc"。如果队列为空时，E peek() 方法返回 null，E element() 方法抛出异常。

第 16、18 行使用 E poll() 和 E remove() 方法移除元素。如果队列为空，E poll() 方法返回 null，E remove() 方法抛出异常。

8.2.11 泛型概述

视频

泛型概述和优点

泛型可以用来灵活地将数据类型应用到不同的类、方法、接口中。将数据类型作为参数传递，是 JDK1.5 版本的特性。泛型是数据类型的一部分，将类名与泛型合并看作数据类型。

定义泛型可以在类中预支地使用未知的类型。一般在创建对象时，将未知的类型确定为具体的类型。当没有指定泛型时，默认类型为 Object 类型。

泛型有如下优点：

• 将运行时期的 ClassCastException 转移到了编译时期，变成了编译失败。

• 避免了类型强制转换的麻烦。

下面举例说明，相关代码如下：

```
1  package com.daojie.collection;
2  import java.util.ArrayList;
3  import java.util.Iterator;
4  public class GenericsDemo {
5      public static void main(String[] args) {
6          // 创建对象
7          ArrayList<String> array = new ArrayList<>();
8          array.add("abc");
9          array.add("123");
10         System.out.println(array);
11         Iterator<String> it = array.iterator();
12         while (it.hasNext()){
13             String s = it.next();
14             System.out.println(s);
15         }
16     }
17 }
```

运行代码后，输出结果如图 8–13 所示。

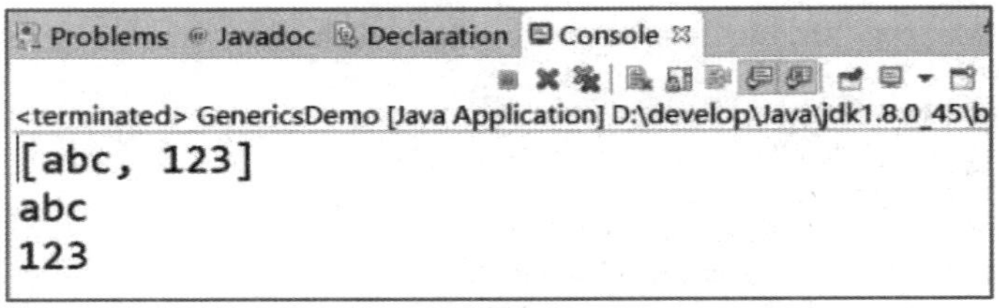

```
Problems  Javadoc  Declaration  Console ✕
              ■ ✕ ¾ | 🔒 📄 🗐 🗐 | ☞ 🗐 ▼ 🗂
<terminated> GenericsDemo [Java Application] D:\develop\Java\jdk1.8.0_45\b
[abc, 123]
abc
123
```

图 8–13　输出结果

第 7 行代码使用泛型，在添加元素时，如果元素类型与泛型类型不符合时，编译报错，将运行时期的 ClassCastException 转移到编译时期。

第 11 行使用泛型，在第 13 行代码中不需要使用强制转换了，next 返回的类型就是 String 类型。

如果创建对象时不使用泛型，在添加数据时，其类型是 Object 类型，即可添加不同类型的元素，而且输出结果也是正常的。然后对数组进行遍历，使用 next 获取下一个元素时编译报错，因为 next 返回 Object 类型，需要使用强制转换。运行代码时会抛出异常，其根源在于添加元素的类型没有统一。由此可见使用泛型确定数据类型后，添加的元素必须为该类型，否则编译不通过，不至于到运行代码时才显示错误。

● 视　频

泛型的定义和使用

8.2.12　泛型的定义和使用

1. 含有泛型的类

定义格式：

修饰符 class 类名 < 代表泛型的变量 > {　}

使用格式：创建对象时，确定泛型的类型。

2. 含有泛型的方法

定义格式：

修饰符 < 代表泛型的变量 > 返回值类型　方法名（参数）{　}

使用格式：调用方法时，确定泛型的类型。

3. 含有泛型的接口

定义格式：

修饰符 interface 接口名 < 代表泛型的变量 > {　}

使用格式：

• 定义类时确定泛型的类型。

• 始终不确定泛型的类型，直到创建对象时，确定泛型的类型。

下面举例说明泛型的定义和使用，相关代码如下：

```
1  package com.daojie.collection;
2  import java.util.ArrayList;
3  import java.util.Iterator;
4  public class GenericsDemo {
5      public static void main(String[] args) {
6          Person<String,Integer> p = new Person<>();
7          p.setE(" 刘德华 ");
8          String str = p.getE();
```

```
9          System.out.println(str);
10         p.setAge(13);
11         p.add("abc");
12         // 创建接口
13  //     Inter<String> in = new InterImpl<>();
14  //     in.show("周星驰");
15         Inter<String> in = new InterImpl();
16         in.show("周润发");
17     }
18  }
19  interface Inter<E>{
20     void show(E e);
21  }
22  class InterImpl implements Inter<String>{
23     @Override
24     public void show(String e) {
25         // TODO Auto-generated method stub
26         System.out.println(e);
27     }
28  }
29  //class InterImpl<E> implements Inter<E>{
30  //    public void show(E e){
31  //        System.out.println(e);
32  //    }
33  //}
34  class Person<E,K>{
35     private E e;
36     private K age;
37     public K getAge() {
38         return age;
39     }
40     public void setAge(K age) {
41         this.age = age;
42     }
43     public E getE() {
44         return e;
45     }
46     public void setE(E e) {
47         this.e = e;
48     }
49     // 方法中使用泛型
50     public <T> T add(T t){
51         System.out.println("T 的类型是 " + t.getClass());
52         return t;
53     }
54  }
```

第 34~48 行代码定义含有泛型的类，其中包含两个泛型。在创建对象时也需要输入两个泛型，否则编译错误。第 6~10 行代码创建对象并使用含有泛型的类，可以正常输出结果。

第 50~52 行代码创建含有泛型的方法，在第 11 行代码中调用该方法输入字符串类型，输出结果显示 "T 的类型是 class java.lang.String"。

第 19~21 行代码创建包含泛型的接口，第 29~33 行代码定义接口的实现类。第 13、14 行代码创建接口对象，输出定义的字符串名称（周星驰）。

以上方法在实现类中没有确定泛型的类型，而是在创建接口对象时确定类型的。也可以在实现类中确定泛型类型，在创建对象时就不需要确定类型了。第 22~27 行代码创建接口实现类，并确定泛型的类型为 String。在第 15、16 行代码中创建对象并输出。

如果在实现类中没有确定泛型类型，在类名右侧添加 <> 尖括号，如果已经确定泛型类型则不需要添加 <> 尖括号。

8.3 映射

视频

映射概述

映射用来存放键值对，键和值之间是一一对应的关系。通过映射数据结构可以根据键的信息查找与之对应的元素。

8.3.1 映射概述

映射称为 Map。Collection 中的集合、元素是孤立存在的，向集合中存储元素时要一个个存储元素。Map 中的集合、元素是成对存在的，每个元素由键（key）与值（value）两部分组成，通过键可以查找对应的值。key 和 value 的组合称为键值对。

Collection 中的集合称为单列集合，Map 中的集合称为双列集合。需要注意的是 Map 中的集合不能包含重复的键 (key)，但是值 (value) 可以重复，而且每个键只能对应一个值。

Map 中常用的集合为 HashMap 集合和 LinkedHashMap 集合。

视频

Map 接口常用方法

8.3.2 Map<K,V> 接口的常用方法

Map<K,V> 接口的常用方法如下：

• void clear()：清空映射。
• boolean containsKey(Object key)：判断是否包含 key。
• boolean containsValue(Object value)：判断是否包含 value。
• Set<Map.Entry<K,V>> entrySet()：获取 map 中的键值对集合。
• V get(Object key)：根据 key 获取 value。
• boolean isEmpty()：判断 map 是否为空。
• Set<K> keyset()：获取 map 中 key 的集合。
• V put(K key,V value)：添加 key 和 value。
• V remove(Object key)：根据 key 删除元素。
• int size()：获取 map 元素个数。
• Collection<V> values()：将 map 转换为 Collection 集合。

下面举例说明 Map 接口常用方法的使用，相关代码如下：

```
1  package com.daojie.map;
2  import java.util.Collection;
3  import java.util.HashMap;
4  import java.util.Map;
5  import java.util.Map.Entry;
6  import java.util.Set;
7  public class MapDemo {
8      public static void main(String[] args) {
9          // map 的常用方法
10         // 创建对象
11         Map<String,Integer> map = new HashMap<>();
12         // 添加数据
```

```
13          map.put(" 刘德华 ", 50);
14          map.put(" 刘能 ", 45);
15          map.put(" 周杰伦 ", 40);
16          map.put(" 萧敬腾 ", 30);
17          map.put(" 成龙 ", 50);
18          // 清空 map
19  //      map.clear();
20          // 判断 map 是否为空
21          System.out.println(map.isEmpty());
22          // 根据 key 删除元素
23          Integer value = map.remove(" 刘能 ");
24          System.out.println(value);
25          // 判断 map 中是否包含某一个 key
26          System.out.println(map.containsKey(" 刘德华 "));
27          // 判断 map 中是否包含某一个 value
28          System.out.println(map.containsValue(33));
29          // 获取 map 中所有键值对集合
30          Set<Entry<String,Integer>> set  =  map.entrySet();
31          System.out.println(set);
32          // 根据 key 获取 value
33          Integer value1 = map.get(" 刘德华 ");
34          System.out.println(value1);
35          // 获取所有 key 的集合
36          Set<String> set1 = map.keySet();
37          System.out.println(set1);
38          // 获取 map 的长度
39          System.out.println(map.size());
40          // 获取所有 value 的集合
41          Collection<Integer> c = map.values();
42          System.out.println(c);
43          System.out.println(map);
44      }
45  }
```

运行代码后，输出结果如图 8-14 所示。

```
🗏 Problems  ⚡ Javadoc  🔍 Declaration  🖵 Console ⌗
<terminated> MapDemo [Java Application] D:\develop\Java\jdk1.8.0_45\bin\javaw.exe (2019年12月14日 下午6:14:04)
false
45
true
false
[萧敬腾=30, 成龙=50, 周杰伦=40, 刘德华=50]
50
[萧敬腾, 成龙, 周杰伦, 刘德华]
4
[30, 50, 40, 50]
{萧敬腾=30, 成龙=50, 周杰伦=40, 刘德华=50}
```

图 8-14　输出结果

第 13~17 行代码使用 V put(K key,V value) 方法添加数据，数据类型包括 String 和 Integer 两种类型；第 19 行代码使用 void clear() 方法清空映射，将添加的数据全部清空；第 21 行代码使用 boolean isEmpty() 方法判断 map 是否为空，因为被 19 行代码清空了，所以返回 true。第 23 行代码使用 V remove(Object key) 方法删除 "刘能"。

第 26 行代码使用 boolean containsKey(Object key) 方法判断 map 中是否包含 key 为"刘德华"，返回结果为 true ；第 28 行代码使用 boolean containsValue(Object value) 方法判断 map 中是否包含 value 为 33，返回结果为 false。

第 30 行代码使用 Set<Map.Entry<K,V>> entrySet() 方法获取键值对的集合，返回结果使用中括号 [] 括起来；第 33 行代码使用 V get(Object key) 方法根据 key 为"刘德华"获取对应的 value，返回结果为 50 ；第 36 行代码使用 Set<K> keyset() 方法获取所有 key 的集合，返回结果使用中括号 [] 括起来；第 39 行代码使用 int size() 方法获取 map 中元素的个数；第 41 行代码使用 Collection<V>>values() 方法获取所有 value 的集合。

视频

HashMap

8.3.3　HashMap 类

HashMap 类是 Map 接口的实现类，存储数据采用哈希表结构，元素的存取顺序不能保证一致。由于要保证键的唯一、不重复，需要重写键的 hashCode() 方法和 equals() 方法。

HashMap 类具有如下特点：

• HashMap 类默认初始容量为 16，加载因子为 0.75。

• HashMap 类允许键和值为 null。

• HashMap 类是异步线程不安全的。

• HashMap 类可以指定初始容量和加载因子。指定的初始容量底层会修改为 2 的 N 次方的形式。

下面通过绘制图形来理解哈希表的结构，如图 8-15 所示。

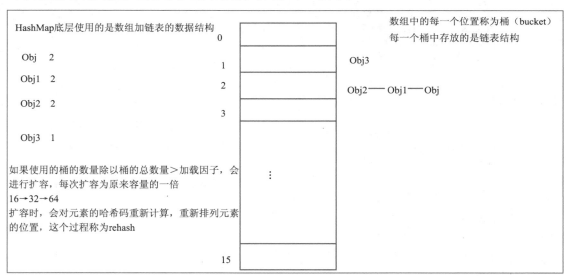

图 8-15　哈希表结构图

HashMap 类默认初始容量为 16，所以创建长度为 16 的数组。数组中的每个位置称为桶，每个桶中存放的是链表结构。需要将对象放在 HashMap 类中，首先对对象的哈希码值进行二次计算，最终结果为 0~15，并放在对应的桶中。与桶中数据进行比较，如果相同会被舍弃，如果不同将原来对象移动，并存放新对象。

如果使用的桶的数量除以桶的总数量大于加载因子会进行扩容，每次扩容为原来容量的一倍。扩容时，会对元素的哈希码重新计算，重新排列元素的位置，这个过程称为 rehash。

8.3.4 LinkedHashMap 类

LinkedHashMap 类是 HashMap 的子类，存储数据采用哈希表结构 + 链表结构。通过链表结构可以保证元素的存取顺序一致；通过哈希表结构可以保证键的唯一、不重复，需要重写键的 hashCode() 方法、equals() 方法。

LinkedHashMap 类具有如下特点：

- LinkedHashMap 类默认初始容量为 16，默认加载因子为 0.75。
- LinkedHashMap 类是异步线程不安全的。

8.3.5 Hashtable

Hashtable 又称散列表，是根据关键码值（即键值对）而直接访问的数据结构，它存储的内容是键值对（key-value）映射。

Hashtable 具有如下特点：

- Hashtable 不允许键和值为 null。
- 默认初始容量为 11，默认加载因子为 0.75。
- 默认扩容是原来容量的基础上扩大一倍再加上 1。
- 是同步线程安全的映射。

小 结

本章我们进行了异常 & 集合 & 映射的学习。异常在之前和今后的学习中不可避免地会出现，出现异常要确保能够看懂 Java 提供的信息。如果 Java 提供的异常不能满足需求，可以自定义异常。集合中讲解了常用的方法和实现类，每一种数据结构都有自己的特点，可以根据不同的场景选择最优的集合。映射中最常用的是 HashMap 类，这也是本章学习的重点和难点之一。

习 题

编程题

1. 使用数组实现一个 ArrayList，并提供 ArrayList 常用的方法。
2. 使用内部类实现一个 LinkedList，并提供 LinkedList 常用的方法。

第9章

IO 流 & 线程

• 理解 IO 流的作用。

• 熟练使用 IO 流的常用方法。

• 理解线程的概念。

• 掌握 Java 中开启线程的方法。

• 理解线程的安全隐患。

本章主要介绍 IO 流和线程的相关知识。首先介绍 Java 中的 IO 流，包括 File 类、字符流、字节流等。然后再介绍线程的概念、开启线程的方法、线程的安全隐患以及注意事项等。

9.1　IO 流

流是一种抽象概念，代表了数据的无结构化传递。按照流的方式进行输入／输出时，数据被当成无结构的字节序列或字符序列。IO 流提供了一条通道程序，可以使用这条通道把源中的字节序列送到目的地。

9.1.1　IO 流概述

之前编写的程序数据都是在内存中的，一旦程序运行结束，这些数据就都没有了，下次也无法再使用这些数据。如果在下次程序启动的时候，再把这些数据读出来继续使用，就需要把数据持久化存储，也就是把内存中的数据存储到内存以外的其他持久化设备（硬盘、光盘、U 盘等 ROM）上。

将内存中的数据存储到持久化设备上的这个动作称为输出（写）Output 操作。将持久化设备上的数据读取到内存中的这个动作称为输入（读）Input 操作。因此，把这种输入和输出操作称为 IO 操作。

9.1.2　File 类概述

File 类是 File 文件和目录路径名的抽象表示形式，主要用于文件和目录的创建、查找以及删除等操作。

Java 把文件或者目录（文件夹）都封装成 File 对象。也就是说，如果要操作硬盘上的文件或者文件夹，只要找到 File 类即可。

File 类具有的常用方法如下：

- File(String pathname)：构造方法，通过将给定路径名字符串转换为抽象路径名来创建一个新 File 实例。
- boolean createNewFile()：创建文件，如果文件不存在就创建，如果文件存在则不创建。
- boolean delete()：删除文件。
- boolean exists()：判断文件是否存在。
- boolean isDirectory()：判断抽象路径名表示的文件是否是一个目录。
- boolean isFile()：判断抽象名表示的文件是否是一个标准文件。
- boolean mkdir()：创建此抽象路径名指定的目录。

下面举例说明 File 类常用方法的应用，相关代码如下：

```
1  package com.daojie.filedemo;
2  import java.io.File;
3  import java.io.IOException;
4  public class FileDemo {
5      public static void main(String[] args) throws IOException {
6          // 创建对象
7          File file = new File("D:\\a.txt");
8          // 创建文件
9          file.createNewFile();
10         // 永久删除文件
11 //       file.delete();
12         //创建目录
13 //       file.mkdirs();
14         // 判断抽象路径名表示的文件是否是一个目录
15         System.out.println(file.isDirectory());
16         // 判断抽象路径名表示的文件是否是一个标准文件
17         System.out.println(file.isFile());
18         // 判断文件是否存在，结果是 true，表示存在
19 //       System.out.println(file.exists());
20      }
21 }
```

第 7 行代码用于创建一个指向 D 盘下的 test 内容的 File 对象；第 9 行代码使用 boolean createNewFile() 方法在 D 盘创建文件；第 11 行代码使用 boolean delete() 方法永久删除创建的文件；第 13 行代码使用 mkdirs() 方法在 D 盘中创建指定文件夹。使用 mkdirs() 方法可以创建多级目录，使用 mkdir() 方法不可以创建多级目录。

第 15 行代码使用 boolean isDirectory() 方法判断 file 是否是目录，因为 file 是文件，所以返回 false；第 17 行代码使用 boolean isFile() 方法判断 file 是否是标准文件，返回 true；第 19 行代码使用 boolean exists() 判断文件是否存在，如果注释第 11 行删除文件代码，则返回 true，否则返回 false。

9.1.3　File 类的获取方法

我们经常会遇到这样一个问题，如何正确引用一个文件？如果在引用文件时（如要获取 File 类），使用了错误的文件路径，就会导致引用失效。为了避免这些错误，正确地引用文件，需要掌握相对路径和绝对路径的概念。

相对路径：是指由这个文件所在的路径引起的跟其他文件（或文件夹）的路径关系。

绝对路径：是指目录下的绝对位置，直接到达目标位置，通常是从盘符开始的路径。

获取 File 类的方法如下：

视频 ●········

File 类的获取
方法
●········

- String getAbsolutePath()：获取此抽象路径名的绝对路径字符串。
- String getName()：获取此抽象路径表示的文件或目录的名称。
- String getPath()：将此抽象名转换为一个路径名字符串。
- File[] listFiles()：返回一个抽象路径名数组，这些路径名表示此抽象路径名中目录的文件。

下面举例说明 File 类相关的获取方法，代码如下：

```
1  package com.daojie.filedemo;
2  import java.io.File;
3  import java.io.IOException;
4  public class FileDemo {
5      public static void main(String[] args) throws IOException {
6          File file = new File("D:\\develop\\Go\\workspace\\src\\gftes\\go.mod");
7          // 判断抽象路径名表示的文件是否是一个目录
8          System.out.println(file.isDirectory());
9          // 判断抽象路径名表示的文件是否是一个标准文件
10         System.out.println(file.isFile());
11         // 获取绝对路径
12         System.out.println(file.getAbsolutePath());12
13         // 获取名称
14         System.out.println(file.getName());
15         // 获取路径
16         System.out.println(file.getPath());
17     }
18 }
```

运行代码后，输出结果如图 9-1 所示。

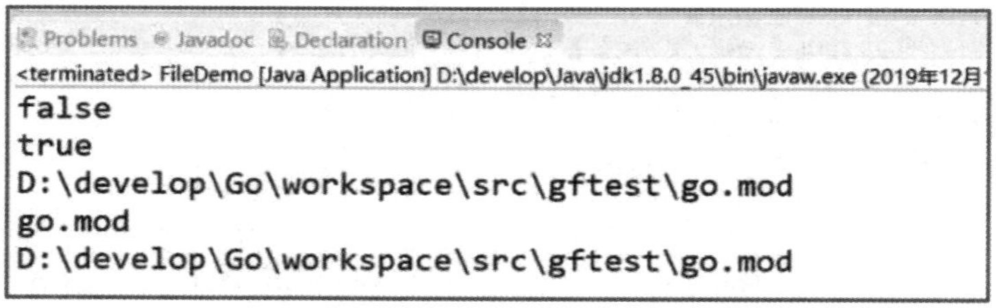

图 9-1　输出结果

第 6 行代码创建 File 类对象，显示文件的绝对路径；第 8 行代码判断文件是不是目录，返回 false；第 10 行代码判断是不是文件，返回 true；第 12 行代码使用 String getAbsolutePath() 方法获取 go.mod 文件的绝对路径；第 14 行代码使用 String getName() 方法获取文件的名称；第 16 行代码使用 String getPath() 方法获取路径名字符串。

从运行结果可见，获取绝对路径和获取路径名字符串的结果是一致的。区别在于，获取绝对路径是从盘符开始获取路径，获取路径名字符串只是获取创建 File 类对象时输入的路径名。如果将第 6 行创建 File 类对象的代码修改为 "File file = new File("a.txt")"，即在 Day09 文件夹中创建文件。然后运行代码，输出结果如图 9-2 所示。

从输出结果可见获取绝对路径显示从盘符开始的路径，而获取路径名字符串只是获取创建 File 对象时输入的字符串。

除了上述介绍的 File 类的获取方法外，还可以使用 File[] listFiles() 方法获取指定路径中的所有文件。

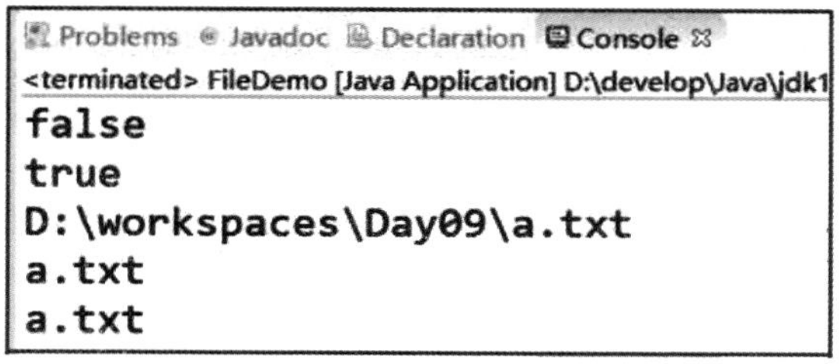

图 9-2   比较输出结果

下面举例说明，相关代码如下：

```
1  package com.daojie.filedemo;
2  import java.io.File;
3  import java.io.IOException;
4  public class FileDemo {
5      public static void main(String[] args) throws IOException {
6          // 创建对象
7          File file = new File("D:\\develop");
8          // 创建文件
9          file.createNewFile();
10         // 获取目录下的所有的目录和文件
11         File[] files = file.listFiles();
12         for (File f : files) {
13             System.out.println(f);
14         }
15     }
16 }
```

第 7 行代码创建 File 类对象，D:\\develop 中包含文件和目录，如图 9-3 所示。

图 9-3   develop 文件夹中包含的内容

第 11 行代码使用 File[] listFiles() 方法获取该文件夹中的所有内容；第 12~14 行代码使用增强 for 循环遍历数组。运行代码，输出结果如图 9-4 所示。

对输出结果和图 9-3 内容进行比较，可见将 develop 文件夹中所有文件和目录都获取出来了，并显示文件和目录的绝对路径。

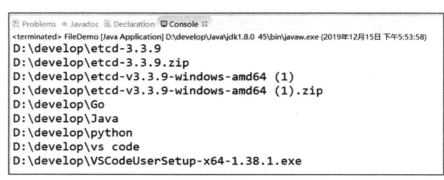

图 9-4　获取文件和目录

● 视 频

课程练习——
统计工作空间
中 .java 文件
和 .class 文件
的个数

统计工作空间中 .java 文件和 .class 文件的个数。

9.1.4　IO 流分类

● 视 频

IO 流分类

IO 按照流向方式分为输入流与输出流，每个 IO 流对象均要绑定一个 IO 资源。输入流是指将硬盘中数据输入到内存中；输出流是指将内存中的数据输出到硬盘中。

IO 按照传输方式分为字节流和字符流。字符流是按照字符的方式读写；字节流是按照字节的方式读写。

1.FileWriter

FileWriter 是字符输出流。

构造方法：

```
FileWriter(String fileName)
FileWriter(String fileName, boolean append)
```

● 视 频

FileWriter

FileWriter 的常用方法：

• void write(String str)：写入字符串。

• void flush()：刷新该流的缓冲。

• void close()：关闭流。

下面举例说明，相关代码如下：

```
1  package com.daojie.io;
2  import java.io.FileWriter;
3  import java.io.IOException;
4  public class FileWriterDemo {
5      public static void main(String[] args) throws IOException {
6          // 创建字符输出流对象
7          FileWriter fw = new FileWriter("D:\\b.txt",true);
8          // 写入字符串
9          fw.write("我爱中国，中国爱我 ");
10         // 冲刷缓冲区
11         fw.flush();
12         // 关闭资源   (默认会冲刷一次缓冲区)
13         fw.close();
14     }
15 }
```

第 7 行代码使用 FileWriter(String fileName, boolean append) 构造方法创建字符输出流对象。boolean 值为 true，表示追加访问，即运行一次代码追加一次写入的字符串。如果使用 FileWriter (String fileName) 构造方法，运行代码时不会追加写入的字符串。

第 9 行代码使用 void write(String str) 方法写入 " 我爱中国，中国爱我 " 字符串。写入字符串后运行代码，可见创建的 b.txt 文件中并没有显示 " 我爱中国,中国爱我 " 字符串。因为写入字符串在内存里，而现在只是将字符串放在 FileWriter 的缓存中，并没有放在硬盘的 b.txt 中，还需要对缓冲区进行冲刷才能输出字符串。

第 11 行代码使用 void flush() 方法冲刷缓冲区，运行代码即可将写入的字符串强行输出在硬盘的 b.txt 文件中。第 13 行代码使用 void close() 方法关闭资源，在关闭时默认会冲刷一次缓冲区，将写入的字符串输出在硬盘中。

运行 3 次以上代码，输出结果如图 9-5 所示。

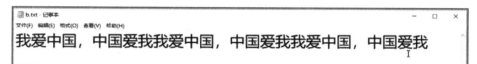

图 9-5 输出结果

视频

FileReader

2.FileReader

FileReader 是字符输入流。

构造方法：

```
FileReader(String fileName)
```

FileReader 的常用方法：

• int read()：读取单个字符并返回。

• int read(char[] cbuf)：一次读取一个字符数组的数据，返回的是实际读取的字符个数。

下面举例说明，相关代码如下：

```
1  package com.daojie.io;
2  import java.io.FileReader;
3  import java.io.IOException;
4  public class FileReaderDemo {
5      public static void main(String[] args) throws IOException {
6          FileReader fr = new FileReader("D:\\b.txt");
7          // 读取数据，数据读取完毕，就返回 -1
8  //        int c;
9  //        while ((c = fr.read()) != -1){
10 //            System.out.print((char)c);
11 //        }
12          char[] chs = new char[3];
13          // 读取内容到字符数组中，返回值是读取到的实际长度
14          int len;
15          while ((len = fr.read(chs)) != -1){
16              System.out.println(new String(chs,0,len));
17          }
18          // 关闭流
19          fr.close();
20      }
21  }
```

第 6 行代码使用 FileReader(String fileName) 创建对象；第 9~11 行代码使用 while 循环读取 b.txt 文件中的内容，其中第 9 行代码使用 int read() 方法读取单个字符。输入关闭流的代码，并运行代码，输出 b.txt 文件中所有内容，如图 9-6 所示。

图 9-6　使用 int read() 方法读取内容

第 12 行代码创建 chs 数组，其中元素数量是 3；第 15~17 行代码使用 while 循环读取内容到字符数组中，其中第 15 行代码使用 int read(char[] cbuf) 方法读取一个字符数组的数据，第 16 行输出的是每次实际读取到的内容。运行代码，输出结果如图 9-7 所示。

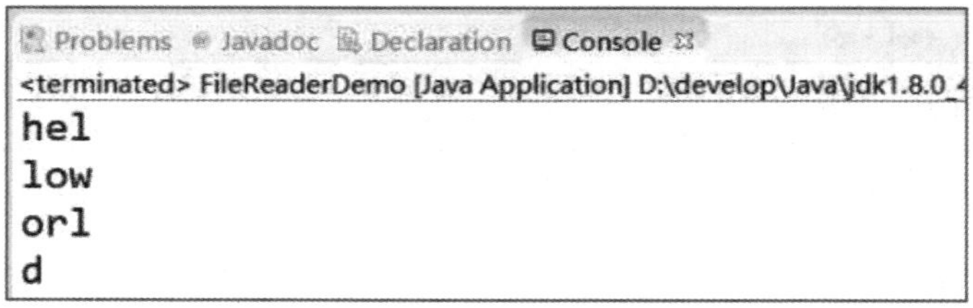

图 9-7　使用 int read(char[] cbuf) 方法读取内容

9.1.5　字符缓冲流

字符缓冲流是完成文本数据的高效写入与读取的操作，包括字符缓冲输出流 BufferedWriter 和字符缓冲输入流 BufferedReader。

- BufferedWriter：将文本写入字符输出流，缓冲各个字符，从而提供单个字符、数组和字符串的高效写入。
- BufferedReader：从字符输入流中读取文本，缓冲各个字符，从而实现字符、数组和行的高效读取。

缓冲流的特有方法：

- BufferedWriter

void newLine()：写一个换行符，这个换行符由系统决定。

- BufferedReader

String readLine()：一次读取一行数据，但是不读取换行符。

下面举例说明，相关代码如下。

```
1  package com.daojie.io;
2  import java.io.BufferedReader;
3  import java.io.FileReader;
4  import java.io.IOException;
5  public class BufferDemo {
6      public static void main(String[] args) throws IOException {
7          // 创建字符缓冲输出流
8  //      FileWriter fw = new FileWriter("D:\\c.txt");
9  //      BufferedWriter bw = new BufferedWriter(fw);
```

```
10  //          bw.write(" 哈哈哈哈哈 ");
11  //          // 换行
12  //          bw.newLine();
13  //          bw.write(" 啦啦啦，下雪啦 ");
14  //          // 关闭流
15  //          bw.close();
16              // 创建字符缓冲输入流
17              BufferedReader br = new BufferedReader(new FileReader("D:\\c.txt"));
18              // 读取一行字符串。注意：不读取换行符
19              String str = br.readLine();
20              System.out.println(str);
21              br.close();
22          }
23  }
```

第 8、9 行代码创建字符缓冲输出流，写入 D 盘的 c.txt 文件中；第 10 行代码写入字符串；第 12 行代码使用 void newLine() 方法换行；第 13 行代码在下行写入字符串；第 15 行关闭流。运行该代码段，输出结果如图 9-8 所示。

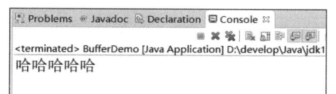

图 9-8　BufferedWriter 写入文本结果

第 17 行代码创建字符缓冲输入流，输出 c.txt 文件内容；第 19 行代码使用 String readLine() 方法读取 c.txt 文件中一行数据；第 20 行代码输出读取的数据。运行该代码段，输出结果如图 9-9 所示。

图 9-9　BufferedReader 读取文本结果

复制一个 .txt 格式的文件。

道捷云小程序

复制一个 .txt 格式的文件

视频
课程练习——复制一个 .txt 格式的文件

9.1.6　字节流概述

在数据传输过程中，一切数据（如文本、图像、声音等）最终存储的均为一个个字节，即二进制数字。所以数据传输过程中使用二进制数据可以完成任意数据的传递。

向一个文件中存储一定的数据，如果使用文本方式打开，则会以文本的方式解释数据。如果以视频的方式打开，则会以视频的方式解释数据。音频、可执行文件等亦是如此。所以，在文件传输过程中，要明确传输的始终为二进制数据。

视频
字节流概述

字节输入和
输出流

因为数据传输都是使用字节传递的，所以字节流可以操作任意格式的文件。

所谓字节流，就是在传输过程中，传输数据的最基本单位是字节的流。它包括字节输入流和字节输出流。

- FileInputStream：字节输入流。

  int read(byte[] b)：读取字节数组。

  int read()：读取一个字节。

  int read(byte[] b,int off,int len)：读取字节数组的一部分数据。

  void close()：关闭流。

- FileOutputStream：字节输出流。

  void write(byte[] b)：写入字节数组。

  void write(int b)：写入一个字节。

  void write(byte[] b,int off,int len)：写入字节数组的一部分数据。

  void close()：关闭流。

下面举例说明字节输入流和输出流的应用，相关代码如下：

```
1  package com.daojie.io;
2  import java.io.FileInputStream;
3  import java.io.IOException;
4  public class FileStreamDemo {
5      public static void main(String[] args) throws IOException {
6          // 字节输出流
7  //      FileOutputStream fos = new FileOutputStream("D:\\e.txt");
8  //      // 写入字节数组
9  //      fos.write("abcde".getBytes());
10 //      fos.close();
11         // 字节输入流
12         FileInputStream fis = new FileInputStream("D:\\e.txt");
13         // 读取一个字节数组，返回值是读取的实际长度
14         byte[] bys = new byte[5];
15         int len;
16         while ((len = fis.read(bys)) != -1){
17             System.out.println(new String(bys,0,len));
18         }
19         fis.close();
20     }
21 }
```

第 7 行代码创建字节输出流，将字符串输出到 D 盘的 e.txt 文件中；第 9 行代码使用 void write(byte[] b) 方法写入 "abcde"；第 10 行代码关闭流。运行该代码段，即可将内存中的字符串写入到硬盘中的 e.txt 文件中，如图 9–10 所示。

图 9–10　字节输出流的结果

第 12 行代码创建字节输入流，读取 D 盘的 e.txt 文件中的字符串；第 14 行代码创建字节数组；第 16~18 行代码使用 while 循环读取，其中第 16 行代码使用 int read(byte[] b) 方法读取字节数组。运行该代码段，输出结果如图 9–11 所示。

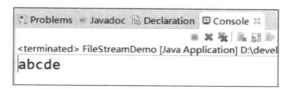

图 9–11　输出结果

使用字节输入 / 输出流复制一个文件。

9.1.7　系统流

每个 Java 程序运行时都带有一个系统流，系统流对应的类为 java.lang.System。System 类封装了 Java 程序运行时的 3 个系统流，分别通过 in、out 和 err 变量来引用。系统流又称标准流，属于字节流。

- System.out：标准输出流。
- System.in：标准输入流。
- System.err：标准错误流。

下面举例说明系统流，相关代码如下：

道捷云
小程序

二进制文件
复制

视 频

课程练习——
使用字节输
入输出流复
制一个文件

```
1  package com.daojie.io;
2  import java.io.IOException;
3  public class SystemDemo {
4      public static void main(String[] args) throws IOException {
5          // 系统输入流
6          int i = System.in.read();
7          // 系统输出流
8          System.out.println(i);
9          // 系统错误流
10         System.err.println(i);
11     }
12 }
```

视 频

系统流

若要获取用户在键盘上输入的内容，可以使用系统的输入流，第 6 行代码为系统输入流；第 8 行代码为系统输出流；第 10 行代码为系统错误流。运行代码，在控制台中输入 "h"，按 [Enter] 键输出相应的结果，如图 9–12 所示。

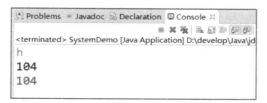

图 9–12　输出结果

　　因为"h"在哈希表中的值为 104，所以输出的值也为 104，黑色数据为系统输出流，红色数据为系统错误流。

9.1.8　序列化和反序列化流

视　频

序列化和反
序列化流

　　序列化是将内存中的对象转化为字节序列，用于持久化到磁盘中或者通过网络传输。从字节序列创建对象的过程称为反序列化。

　　在 Java 中，一个对象想要被序列化，则这个对象对应的类必须实现 Serializable 接口。

　　被 static 关键字修饰的属性不会被序列化。Transient 关键字修饰的属性，强制不能序列化。serialVersionUID 是一个标识符，主要用于对象的版本控制。

　　下面我们举例说明序列化和反序列化流，相关代码如下：

```
1  package com.daojie.io;
2  import java.io.FileInputStream;
3  import java.io.FileOutputStream;
4  import java.io.IOException;
5  import java.io.ObjectInputStream;
6  import java.io.ObjectOutputStream;
7  import java.io.Serializable;
8  public class SerializableDemo {
9    public static void main(String[] args) throws IOException, ClassNotFoundException {
10       Person p = new Person();
11       p.setName(" 王力宏 ");
12       p.setAge(30);
13       // 序列化
14     ObjectOutputStream oos = new ObjectOutputStream(new FileOutputStream("p.data"));
15       oos.writeObject(p);
16       // 关流
17       oos.close();
18       // 反序列化
19  //   ObjectInputStream ois = new ObjectInputStream(new FileInputStream("p.data"));
20  //       Person p1 = (Person) ois.readObject();
21  //       System.out.println(p1);
22  //       ois.close();
23     }
24  }
25  class Person implements Serializable{
26     /**
27      *  版本号
28      */
29     private static final long serialVersionUID = 25348168413800075445L;
30     private String name;
31     private int age;
32     private String gender;
33     static String classRoom;
34     private double height;
35     static double weight;
36     transient int score;
37     public String getName() {
38         return name;
39     }
40     public void setName(String name) {
41         this.name = name;
42     }
43     public int getAge() {
```

```
44          return age;
45      }
46      public void setAge(int age) {
47          this.age = age;
48      }
49      @Override
50      public String toString() {
51          return "Person [name=" + name + ", age=" + age + "]";
52      }
53  }
```

首先创建 Person 类并实现 Serializable 接口，通过定义两个属性再生成 get 和 set 方法，然后创建对象。第 14 行代码实现序列化，使用 Object 类，在等号右侧使用字节输出流。运行该代码段，输出结果如图 9–13 示。

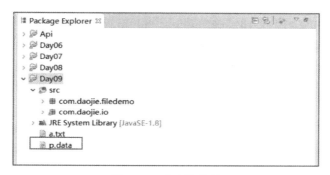

图 9–13　序列化结果

在 Day09 文件夹中创建 p.data，表示序列化成功。如果创建 Person 类时不实现 Serializable 接口，运行代码时会出现异常，这是因为对象要被序列化，其对应的类必须实现 Serializable 接口。

第 19 行代码实现反序列化，等号右侧使用字节输入流。运行反序列化代码返回的是地址，如果要返回对象的属性值，还需要在 Person 类中添加 toString() 方法。运行该代码段，出现异常，显示有一个版本的 UID 与本地版本 UID 不一致。只需将反序列化代码注释，再次执行序列化代码，然后注释序列化代码，最后执行反序列化代码，即可输出对象的属性值，如图 9–14 所示。

图 9–14　反序列化结果

因为第一次执行序列化代码时，在 Person 类中没有指定 UID，它会自动生成一个 UID，随着序列化而将 UID 序列化。在 Person 类中添加 toString() 方法，该类对应的 UID 发生变化了。再执行反序列化时，则现在的 UID 与之前序列化的 UID 不一致，所以就抛出异常，只有两次版本的 UID 一致才执行反序列化。

为了防止出现 UID 不一致的情况，可以手动添加序列化的版本。将光标移动到创建类 Person 的上方，在列表中单击 Add generated serial version ID，即可手动添加序列化的版本号。第 26~29 行代码为定义的版本号，其中等号右侧的数据可以修改，等号左侧不可以修改。

被 static 关键字修饰的属性是共享的，即使被序列化了也没有意义，所以 Java 直接忽略它。例如第 33 行和第 35 行代码添加被 static 关键字修饰的属性，添加前和添加后 p.data 属性的大小是相同的。

被 transient 关键字修饰的属性，强制不能序列化。同样添加相应的属性，通过 p.data 的大小即可验证其不能序列化。

9.2 线程

使用 Java 同时进行多项工作称为并发，并发完成的每一件事称为线程。Java 语言提供了并发机制，允许开发人员在程序中执行多个线程，每个线程完成一个功能，并与其他线程并发执行。

9.2.1 线程概述

视频

线程概述和特点

进程是指正在运行的程序。确切来说，当一个程序进入内存运行，即变成一个进程，进程是处于运行过程中的程序，并且具有一定的独立功能。

线程是进程中的一个执行单元，负责当前进程中程序的执行，一个进程中至少有一个线程。一个进程中是可以有多个线程的，这个应用程序可称为多线程程序。

1. 线程调度

计算机通常只有一个 CPU，在任意时刻只能执行一条机器指令，每个线程只有获得 CPU 的使用权才能执行指令。所谓多线程的并发运行，是指从宏观上看，各个线程轮流获得 CPU 的使用权，并分别执行各自的任务。

Java 虚拟机的一项任务就是负责线程的调度，线程调度是指按照特定机制为多个线程分配 CPU 的使用权。

线程调度分为分时调度和抢占式调度。

分时调度是所有线程轮流使用 CPU 的使用权，平均分配每个线程占用 CPU 的时间。

抢占式调度是优先让优先级高的线程使用 CPU，如果线程的优先级相同，那么会随机选择一个线程，Java 使用的为抢占式调度。

2. 线程特点

CPU（中央处理器）使用抢占式调度模式在多个线程间进行着高速的切换。对于 CPU 的一个核而言，某个时刻，只能执行一个线程，而 CPU 在多个线程间的切换速度很快，所以看上去就像是在同一时刻运行。

其实，多线程程序并不能提高程序的运行速度，但能够提高程序的运行效率，让 CPU 的使用率更高。

3. 主线程

视频

创建线程方式一

JVM 启动后，必然有一个执行路径（线程）从 main 方法开始，一直执行到 main 方法结束，这个线程在 Java 中称为主线程（main 线程）。因为它是程序开始时就执行的，如果需要再创建线程，那么创建的线程就是这个主线程的子线程。

9.2.2 创建线程的方式

创建线程的方式主要有两种，详细介绍如下：

1. 创建线程方式一

创建线程的步骤：

（1）定义一个类继承 Thread。

（2）重写 run 方法。

（3）创建子类对象，即创建线程对象。

（4）调用 start 方法，开启线程并让线程执行，同时还会告诉 JVM 去调用 run 的方法。

下面举例说明，相关代码如下：

```
1  package com.daojie.threaddemo;
2  public class Test {
3      public static void main(String[] args) {
4          // 创建线程的方式一 -->继承 Thread
5          MyThread mt = new MyThread();
6          // 开辟新的线程去执行 run 方法
7          mt.start();
8          // 在主线程中的循环
9          for(int i = 0;i < 100;i++){
10             System.out.println(" 主线程 i = " + i);
11         }
12     }
13 }
14 class MyThread extends Thread{
15     public void run(){
16         for(int i = 0;i < 100;i++){
17             System.out.println(" 子线程的 i = " + i );
18         }
19     }
20 }
```

根据创建线程方式一的步骤，首先通过第 14 行代码创建 MyThread 类并继承 Thread；其次通过第 15 行代码重写 run() 方法；再次通过第 5 行代码创建线程对象；最后通过第 7 行代码调用 start() 方法，开辟新线程执行 run() 方法。

为了展示效果，分别在 main 方法和 run 方法中创建 for 循环并输入不同的内容。

如果在代码中使用 start() 方法没有开辟新线程，应当先执行 run 方法中的循环，再执行 main 方法中的循环。运行以上代码进行验证，输出结果如图 9–15 所示。

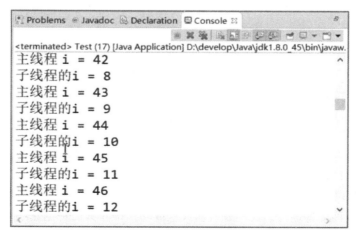

图 9–15　输出结果

从输出结果可见，执行主线程和子线程没有规律交替，是随机分配的，每运行一次代码输出的结果都不一样，说明确实开辟了一条线程去执行 run() 方法中的 for 循环。

2. 创建线程方式二

创建线程的步骤：

（1）定义类实现 Runnable 接口。

（2）覆盖接口中的 run 方法。

（3）创建 Thread 类的对象。

（4）将 Runnable 接口的子类对象作为参数传递给 Thread 类的构造函数。

（5）调用 Thread 类的 start 方法开启线程。

下面举例说明，相关代码如下：

```
1  package com.daojie.threaddemo;
2  public class Test2 {
3      public static void main(String[] args) {
4          // 创建 Runnable 的实现类对象
5          MyRunnable my = new MyRunnable();
6          // 创建线程对象
7          Thread t = new Thread(my);
8          // 开辟线程执行 run 方法
9          t.start();
10         // 使用匿名内部类的形式实现 Runable 接口，使用匿名对象调用 start 方法
11         new Thread(new Runnable() {
12             @Override
13             public void run() {
14                 // TODO Auto-generated method stub
15                 for(int i = 0;i < 100;i++){
16                     System.out.println(" 新的线程 ");
17                 }
18             }
19         }).start();;
20         for(int i = 0;i < 100;i++){
21             System.out.println(" 主线程的 i=" + i);
22         }
23     }
24 }
25 class MyRunnable implements Runnable{
26     @Override
27     public void run() {
28         // TODO Auto-generated method stub
29         for(int i = 0; i < 100; i++) {
30             System.out.println(" 子线程的 i=" + i);
31         }
32     }
33 }
```

根据创建线程方式二的步骤，首先通过第 25 行代码定义类并实现 Runnable 接口；再通过第 27 行代码覆盖接口中的 run 方法；然后通过第 7 行代码创建 Thread 类的对象；接着通过第 5 行代码将 Runnable 接口的子类对象作为参数传递给 Thread 类；最后通过第 9 行代码开启新线程。并在类和 main 方法中创建 for 循环，运行以上代码段，输出结果如图 9-16 所示。

可见主线程和子线程交替运行，说明开辟新线程成功。推荐第二种创建线程的方式，因为耦合性更低一点。

开辟新方法也可以通过第 11~19 行代码完成,该段代码使用匿名内部类的形式实现 Runnable 接口,使用匿名对象调用 start 方法开辟线程。运行代码,可见主线程、新线程和子线程交替出现,如图 9–17 所示。

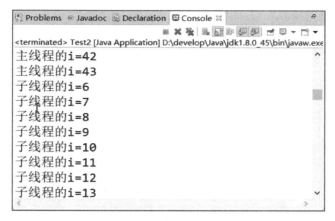

图 9–16　输出结果一

图 9–17　输出结果二

模拟电影院窗口售票。

需求描述：模拟电影院的售票过程。假设要播放的电影是"复仇者联盟",本场电影的座位共 100 个,模拟电影院的售票窗口,窗口采用线程对象来模拟,电影票采用 Runnable 接口子类来模拟,实现 3 个窗口同时售卖"复仇者联盟"电影票。

使用技能：

线程的定义和使用。

9.2.3　线程安全

在模拟电影院窗口售票案例的代码中,如果有多个线程在同时运行,这些线程可能会同时运行这段代码。程序每次运行结果和单线程运行的结果是一样的,而且其他变量的值也和

视　频

课程案例——
模拟售票案例

视　频

线程安全

预期的是一样的，就是线程安全。如果和预期的不一样，称为线程安全隐患。

多次运行模拟电影院窗口售票案例中的测试代码，会发现有两个窗口同时卖 97 号和 95 号座位票，如图 9-18 所示。

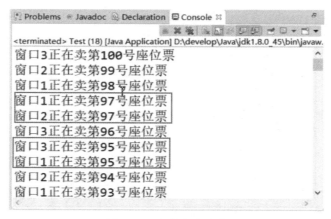

图 9-18　线程安全隐患

下面分析一下模拟电影院窗口售票案例中的线程安全隐患。在票号的 while 循环语句中使用 if 语句判断当票号小于或等于 0 时结束循环，下面的输出语句就不会执行了，为什么会出现票号为 0 或重复的票号呢？

首先分析重复票号的情况，当票号为 100 时，需要一个线程执行 if 语句，在还没执行输出语句时另一个线程进来，因为上一线程没有执行输出语句，所以票号还是 100。两个线程其中一个执行输出语句，系统还没执行"ticket--"命令，此时票号还是 100，另一条线程执行输出语句，所以两条线程输出票号都是 100。注意，根据第 2 章运算符中的相关知识可知，输出语句中"ticket--"是混合使用的，执行完输出语句后才会执行"ticket--"。

接着分析出现 0 票号的情况，当 ticket 为 1 时，一条线程进来执行 if 语句，在没有执行输出语句之前又进来一条线程，此时票号也为 1。其中一条线程先执行输出语句，并且也执行"ticket--"，此时另一条线程的票号变为了 0，然后执行输出语句，就会出现 0 票号。如果同时进来 3 条线程；还会出现 -1 票号的情况。

若每个线程中对全局变量、静态变量只有读操作，而无写操作，一般来说，这个全局变量是线程安全的；若有多个线程同时执行写操作，一般都需要考虑线程同步，否则就可能影响线程的安全。

视　频

同步代码块

9.2.4　线程同步

线程同步是 Java 中提供的线程同步机制，能够解决上述的线程安全问题。

线程同步是指有一个线程在对内存进行操作时，其他线程都不可以对这个内存地址进行操作，处于等待状态；直到该线程完成操作，其他线程才能对该内存地址进行操作。实现线程同步有两种方式：

1. 同步代码块

同步代码块能够保证在代码块中的代码同一时刻最多只有一条线程。

同步代码块格式：

```
synchronized（锁资源）｛
```

        可能出现线程安全隐患的代码；

    }

下面接着模拟电影院窗口售票案例中的代码说明同步代码块的应用，只需要将 if 语句和输出语句放在 synchronized 修饰的代码块中，同步代码块的相关代码如下：

```
synchronized (obj) {
    if (ticket <= 0) {
        break;
    }
    System.out.println(Thread.currentThread().getName() + " 正在卖第 " + ticket--
+ " 号座位票 ");
    }
```

锁资源为对象，所以还需要在 run() 方法上面创建对象，代码为 "Object obj = new Object();"。

同步代码块可以保证在代码块中的 if 语句和输出语句，最多执行 1 条线程，这样就不会出现多线程执行 if 语句和输出语句，从而出现线程安全隐患的情况。

同步代码块的锁资源可以是任意对象，但是当有多条线程时，要保证锁资源相同。方法区的内容是被线程共享的，所以 "abc"、Math.class 都可以当作同步代码块的锁资源。同步代码块会影响多线程的效率，要谨慎使用。

2. 同步方法

同步方法是被 synchronized 修饰的方法，可以保证方法中同一时刻只能有一条线程在执行。同步方法的锁资源是 this。

静态同步方法是被 synchronized 和 static 修饰的方法，可以保证方法中同一时刻只能有一条线程在执行。静态同步方法的锁资源是类名 .class。

下面接着模拟电影院窗口售票案例说明同步方法，在 run() 方法外输入同步方法和静态同步方法的相关代码如下：

```
// 同步方法
public synchronized void method() {
}
// 静态同步方法
public static synchronized void method1() {
}
```

学习线程同步后，可以理解同步和异步的区别，同步是只允许一个线程执行；异步是允许多条线程同时执行。

在前面介绍集合的章节中，很多集合和映射都是异步线程不安全的，是为了提高效率，而牺牲了安全问题，所以在使用集合时要考虑线程安全。

9.2.5 死锁

死锁是指两个或两个以上的线程在执行过程中，由于竞争资源或者由于彼此通信而造成的一种阻塞现象，若无外力作用，它们都将无法推进下去。此时称系统处于死锁状态或系统产生了死锁，这些永远在互相等待的进程称为死锁进程。

下面通过模拟办公室两个员工使用打印机和扫描仪的实例来说明死锁，相关代码如下：

```
1  package com.daojie.deadlock;
2  public class DeadLockDemo {
3      static Printer p = new Printer();
```

```
4        static Scan s = new Scan();
5        public static void main(String[] args) {
6            new Thread(new Runnable() {
7                @Override
8                public void run() {
9                    // TODO Auto-generated method stub
10                   synchronized (p) {
11                       try {
12                           Thread.sleep(1000);
13                       } catch (InterruptedException e) {
14                           // TODO Auto-generated catch block
15                           e.printStackTrace();
16                       }
17                       p.print();
18                       synchronized (s) {
19                           s.scan();
20                       }
21                   }
22               }
23           }).start();
24           new Thread(new Runnable() {
25               @Override
26               public void run() {
27                   // TODO Auto-generated method stub
28                   synchronized (s) {
29                       s.scan();
30                       synchronized (p) {
31                           p.print();
32                       }
33                   }
34               }
35           }).start();
36       }
37   }
38   class Printer{
39       public void print(){
40           System.out.println(" 打印机在打印 ");
41       }
42   }
43   class Scan{
44       public void scan(){
45           System.out.println(" 扫描仪在扫描 ");
46       }
47   }
```

第 38~47 行代码是创建打印机和扫描仪类，通过第 3、4 行代码将打印机和扫描仪共享。

第 6~23 行代码是开辟一条主线程让一个员工先使用打印机，再使用扫描仪，为了确保线程安全使用同步代码块。第 24~35 行代码开启一条子线程让另一个员工先使用扫描仪再使用打印机。

运行代码后，输出结果如图 9-19 所示。

结果只显示两条信息，但是在代码中调用了 4 次方法，所以输出结果不正确。而且控制台中 Terminate 按钮为红色状态，表示当前程序没有停止，还在运行，这就是死锁现象。单击该按钮，可以停止程序的运行。

为什么会出现死锁现象呢？首先在主线程中第一个员工使用打印机，此时被同步代码块锁住，然后再执行打印机。同时在子线程中第二个员工使用扫描仪，同样被锁住并执行扫描仪。子线程还需要执行打印机，此时打印机被主线程锁着，只能等待主线程解锁打印机。而同时主线程需要执行扫描仪，同样扫描仪被子线程锁着，所以只能等待子线程解锁扫描仪。两个线程都执行不完代码，产生死锁现象。

图 9-19　死锁结果

在实际开发过程中一旦出现死锁现象，排查是比较麻烦的，因为代码在编译时不会出现错误抛出异常，也不会在控制台显示异常信息。

9.2.6　线程的等待唤醒

通过线程同步模拟延迟时，发现经常出现某一个线程一直执行，但是其他线程交替不起来的情况。此时，就要引入一个线程的等待与唤醒机制。

Object 类的线程等待与唤醒有三个方法：

- void wait()：使当前线程陷入等待直到另一个线程为这个对象执行了 notify() 或者 notifyAll() 方法。
- void notify()：唤醒正在等待对象监视器的一条线程。
- void notifyAll()：唤醒正在等待对象监视器的所有线程。

实现生产者消费者模型。

要求：

一条线程模拟生产者，另一条线程模拟消费者。生产者生产一次商品，消费者就消费一次商品。生产和消费的数量使用随机数表示。每次生产的产品数量加上上一次剩余的数量不能超过 1 000。

小　结

通过 IO 流 & 线程的学习，可以培养我们动手写代码的能力。IO 流分为字符流和字节流，当使用完 IO 流时，不要忘记关闭流。目前，我们使用的网站、手机 App 几乎都是多线程程序。使用多线程时一定要注意线程安全问题。

习　题

编程题

使用多线程模拟两个学生轮流问问题。

提示：定义一个学生类，再定义问问题类和切换学生类，实现 Runnable 接口，开启线程通过等待唤醒机制实现两个线程之间轮流切换。

视频 •

线程的等待唤醒

视频 •

课堂练习——生产者消费者模型

视频 •

生产者消费者模式补充

视频 •

课程总结

第 10 章

网络编程 & 反射

学习目标

视频

课程介绍

- 理解 IP、端口号的含义。
- 能够说出 TCP 和 UDP 的区别。
- 熟练使用 UDP 和 TCP 通信。
- 理解反射机制。
- 熟练使用反射的常用方法。

本章主要介绍网络编程和反射技术。首先介绍了网络编程概述、IP 和端口号的含义、UDP 协议以及 TCP 协议等。然后介绍了反射的概念、Class 获取方法、构造方法、暴力破解以及反射常用的方法等。

视频

网络概念

10.1　网络编程

　　网络编程最主要的工作就是在发送端把信息通过规定好的协议进行包组装，在接收端按照规定好的协议对包进行解析，从而提取出对应的信息，达到通信的目的。下面介绍网络编程、网络协议、TCP 和 UDP 网络程序等知识。

10.1.1　网络编程概述

　　通过计算机网络可以使多台计算机实现连接，位于同一个网络中的计算机在进行连接和通信时需要遵守一定的规则，这就好比在道路中行驶的汽车一定要遵守交通规则一样。在计算机网络中，这些连接和通信的规则称为网络通信协议，它对数据的传输格式、传输速率、传输步骤等做了统一规定，通信双方必须同时遵守才能完成数据交换。

　　网络通信协议有很多种，目前应用最广泛的是 TCP/IP 协议 (Transmission Control Protocal/Internet Protocal，传输控制协议 / 网络层协议)，它是一个包括 TCP 协议和 IP 协议、UDP (User Datagram Protocal) 协议和其他一些协议的协议组，在学习具体协议之前首先了解一下 TCP/IP 协议组的层次结构。

10.1.2　TCP/IP 网络模型

　　链路层用于定义物理传输通道，通常是对某些网络连接设备的驱动协议，例如针对光纤、网线提供的驱动。

网络层是整个 TCP/IP 协议的核心，主要用于将传输的数据进行分组，将分组数据发送到目标计算机或者网络。

传输层主要使网络程序进行通信，在进行网络通信时，可以采用 TCP 协议，也可以采用 UDP 协议。

应用层是主要负责应用程序的协议，如 HTTP 协议、FTP 协议等。

TCP/IP 协议组的层次结构，如图 10–1 所示。

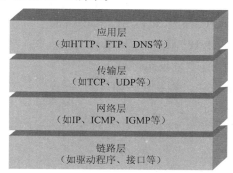

图 10–1　TCP/IP 协议组的层次结构

10.1.3　IP 地址概述

要想使网络中的计算机能够进行通信，必须为每台计算机指定一个标识号，通过这个标识号来指定接收数据的计算机或者发送数据的计算机。

在 TCP/IP 协议中，这个标识号就是 IP 地址，它可以唯一标识一台计算机。目前，IP 地址广泛使用的版本是 IPv4，它是由 4 字节大小的二进制数来表示的。由于二进制形式表示的 IP 地址非常不便记忆和处理，因此通常会将 IP 地址写成十进制的形式，每个字节用一个十进制数字（0~255）表示，数字间用符号"."分开，如 192.168.1.100。

随着计算机网络规模的不断扩大，对 IP 地址的需求也越来越多，IPv4 这种用 4 字节表示的 IP 地址面临枯竭，因此 IPv6 应运而生。IPv6 使用 16 字节表示 IP 地址，它所拥有的地址容量约是 IPv4 的 8×10^{28} 倍，达到 2^{128}（算上全零的），这样就解决了网络地址资源数量不够的问题。

10.1.4　端口号概述

通过 IP 地址可以连接到指定计算机，但如果想访问目标计算机中的某个应用程序，还需要指定端口号。在计算机中，不同的应用程序是通过端口号区分的。端口号用 2 字节（16 位二进制数）表示，取值范围是 0~65535，其中，0~1023 之间的端口号用于一些知名的网络服务和应用，用户的普通应用程序需要使用 1024 以上的端口号，从而避免端口号被另外一个应用或服务所占用。

IP 地址和端口号的关系如图 10–2 所示。

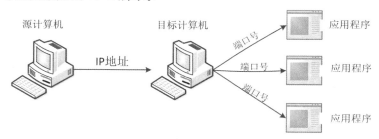

图 10–2　IP 地址和端口号图解

源计算机通过 IP 地址可以找到目标计算机，目标计算机可能有很多应用程序，通过端口号区分不同的应用程序。

10.1.5 InetAddress 类

InetAdderss 类用于封装一个 IP 地址，并提供了一系列与 IP 地址相关的方法：

- static InetAddress getByName(String host)：在给定主机名的情况下确定主机的 IP 地址。
- static InetAddress getLocalHost()：返回本地主机。
- String getHostName()：获取此 IP 地址的主机名。
- String getHostAddress()：返回 IP 地址字符串。

下面举例说明获取 IP 地址的方法，相关代码如下：

```
1  package com.daojie.ipdemo;
2  import java.net.InetAddress;
3  import java.net.UnknownHostException;
4  public class IpDemo {
5      public static void main(String[] args) throws UnknownHostException {
6          InetAddress local = InetAddress.getLocalHost();
7          InetAddress remote = InetAddress.getByName("www.baidu.com");
8          System.out.println(" 本机的 IP 地址 " + local.getHostAddress());
9          System.out.println(" 百度的 IP 地址 " + remote.getHostAddress());
10         System.out.println(" 百度的主机名 " + remote.getHostName());
11     }
12 }
```

第 6 行代码使用 static InetAddress getLocalHost() 方法获取本地主机；第 7 行代码使用 static InetAddress getByName(String host) 方法获取一个远程的地址。

第 8、9 行代码使用 String getHostAddress() 方法获取本机和百度的 IP 地址；第 10 行代码使用 String getHostName() 方法获取百度地址的主机名。

运行代码，输出结果如图 10-3 所示。

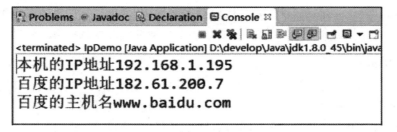

图 10-3　获取 IP 地址的结果

10.1.6 UDP 协议

UDP 是无连接通信协议，即在数据传输时，数据的发送端和接收端不建立逻辑连接。简单来说，当一台计算机向另外一台计算机发送数据时，发送端不会确认接收端是否存在，就会发出数据，同样接收端在收到数据时，也不会向发送端反馈是否收到数据。

由于使用 UDP 协议消耗资源少，通信效率高，所以通常都会用于音频、视频和普通数据的传输，例如视频会议都使用 UDP 协议，因为这种情况即使偶尔丢失一两个数据包，也不会对接收结果产生太大影响。

在使用 UDP 协议传送数据时，由于 UDP 的面向无连接性，不能保证数据的完整性，因此在传输重要数据时不建议使用。

UDP 协议发送数据的流程图如图 10-4 所示。

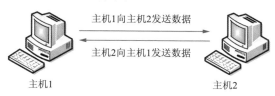

图 10-4　UDP 协议发送数据流程图

10.1.7　DatagramPacket 类的常用方法

DatagramPacket 类放在 java.net 包中，用来表示数据包。

• 构造方法

DatagramPacket(byte[] buf,int length)：构造 DatagramPacket，用来接收长度为 length 的数据包。

DatagramPacket(byte[] buf,int length,InetAddress address,int port)：构造数据报包，用来将长度为 length 的包发送到指定主机的指定端口号。

• 常用方法

InetAddress getAddress()：返回 IP 地址。

int getPort()：返回端口号。

byte[] getData()：返回数据的字节数组。

int getLength()：返回数据的长度。

10.1.8　DatagramSocket 类的常用方法

DatagramSocket 类也放在 java.net 包中，用于表示发送和接收数据包的套接字。

• 构造方法

DatagramSocket()：创建数据报套接字并将其绑定到本地主机任何可用的端口上。

DatagramSocket(int port)：创建数据报套接字并将其绑定到本地主机的指定端口上。

• 常用方法

void receive(DatagramPacket p)：接收数据报包。

void send(DatagramPacket p)：发送数据报包。

练一练

（1）UDP 通信。

需求描述：

使用 DatagramPacket 和 DatagramSocket 实现 UDP 通信。

使用技能：

DatagramPacket、DatagramSocket。

（2）使用 UDP 通信编写一个程序，实现和周围同学发送字符串进行聊天。

视　频 ●┄┄┄┄

课程案例——
UDP 通信

视　频 ●┄┄┄┄

课程练习——
单人聊天

10.1.9 TCP 协议

TCP 协议是面向连接的通信协议，即在传输数据前先在发送端和接收端建立逻辑连接，然后再传输数据，它提供了两台计算机之间可靠无差错的数据传输。在 TCP 连接中必须要明确客户端与服务器端，由客户端向服务器端发出连接请求，每次连接的创建都需要经过"三次握手"。第一次握手，客户端向服务器端发出连接请求，等待服务器确认；第二次握手，服务器端向客户端回送一个响应，通知客户端收到了连接请求；第三次握手，客户端再次向服务器端发送确认信息，确认连接。

TCP 协议适合可靠性要求比较高的场合，类似打电话，必须由一端向另一端发送请求，然后另一端再回一个请求，最后再发一个请求，相互才能听到对方说话，也能知道对方回应什么。通过三次握手可以保证客户端和服务器端都能够正确地进行数据传输，这样就可以建立可靠、无差错的数据传输了。

TCP 协议中三次握手的图解，如图 10-5 所示。

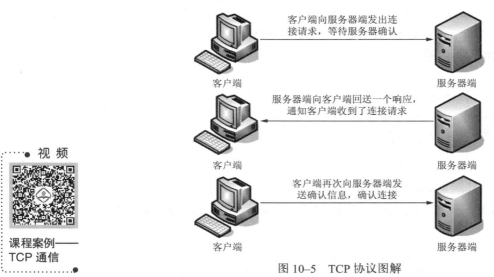
图 10-5　TCP 协议图解

由图 10-5 可知，TCP 协议相对于 UDP 协议来说传输数据效率低，但可以保证数据传输的完整性。

10.1.10 ServerSocket 常用方法

在客户端 / 服务器通信模式中，服务器端需要创建监听特定端口的 ServerSocket，ServerSocket 负责接收客户端连接请求，并生成与客户端连接的 Socket。

• 构造方法

ServerSocket(int port)：创建绑定到特定端口的服务器套接字。

• 常用方法

Socket accept()：监听并接收此套接字的连接。

InetAddress getInetAddress()：返回此服务器套接字的本地地址。

套接字（socket）是一个抽象层，应用程序可以通过它发送或接收数据，可对其进行像对文件一样的打开、读写和关闭等操作。套接字允许应用程序将 I/O 插入到网络中，并与网络中的其他应用程序进行通信。网络套接字是 IP 地址与端口的组合。

- 构造方法

Socket(String host,int port)：创建一个流套接字并将其连接到指定主机上的指定端口号。

Socket(InetAddress address,int port)：创建一个流套接字并将其连接到指定 IP 地址的指定端口号。

- 常用方法

int getPort()：获取端口号。

InetAddress getLocalAddress()：获取 Socket 对象绑定的本地 IP 地址。

void close()：关闭 Socket 连接。

InputStream getInputStream()：获取 Socket 对象的字节输入流。

OutputStream getOutputStream()：获取 Socket 对象的字节输出流。

（1）TCP 通信。

需求描述：

使用 ServerSocket 和 Socket 实现 TCP 通信。

使用技能：

ServerSocket、Socket。

（2）使用 TCP 通信实现文件的上传。

视频 ●······

课程练习——
文件上传

视频 ●······

反射概述和
获取 class

10.2 反射

通过 Java 的反射机制，程序员可以更深入地控制程序的运行过程，如在程序运行时对用户输入的信息进行验证，还可以逆向控制程序的执行过程。

10.2.1 反射概述

Java 反射机制是在运行状态中，对于任意一个类，都能够知道这个类的所有属性和方法；对于任意一个对象，都能够调用它的任意一个方法和属性。这种动态获取的信息以及动态调用对象方法的功能称为 Java 语言的反射机制。

要想解剖一个类，必须先要获取到该类的字节码文件对象。而解剖这个类，使用的就是 Class 类中的方法，所以先要获取到每一个字节码文件所对应的 Class 类型对象。

10.2.2 Class 类的获取方式

Class 类存在于 java.lang 包中，它的构造方法是私有的，由 JVM（类加载器）创建 Class 对象，可以通过 getClass() 方法获取到 Class 对象，通过 Class 对象可以拿到创建的类的属性、方法等。

Class 类的获取方式：

```
类名 .class
对象 .getClass()
Class.forName(" 全路径类名 ")
```

下面举例说明 Class 类的获取方式，相关代码如下：

```
1  package com.daojie.reflect;
2  import java.util.List;
3  public class Demo01 {
4      public static void main(String[] args) throws ClassNotFoundException {
5          // 获取 Class
6          // 类名 .class 的方法获取
7          Class<String> c = String.class;
8          System.out.println(c);
9          Class<List> c2 = List.class;
10         System.out.println(c2);
11         Class<int[]> c3 = int[].class;
12         System.out.println(c3);
13         Class c4 = double.class;
14         System.out.println(c4);
15         // 通过对象获取
16         Object obj = "abc";
17         Class c5 = obj.getClass();
18         System.out.println(c5);
19         // 通过字符串获取
20         Class<Object> clz = (Class<Object>) Class.forName("java.util.Date");
21         System.out.println(clz);
22     }
23 }
```

第 7~14 行代码使用 .class 方法分别获取 String、List、int 类型数组、double 对应的 class 对象；第 17 行代码使用 .getClass() 方法通过对象获取 class 对象；第 20 行代码使用 Class.forName(" 全路径类名 ") 方法通过字符串获取 class 对象。

运行代码后，输出结果如图 10-6 所示。

图 10-6　输出使用 Class 获取方式的结果

10.2.3　获取构造方法

视 频

获取构造方法

在 Java 中，获取构造方法的方式如下：

- newInstance()：要求对应的类必须提供无参构造。
- getConstructor(Class<?>… parameterTypes)：获取某种类型参数的非私有构造方法。
- getConstructors()：获取所有非私有的构造方法。
- getDeclaredConstructor(Class<?>… parameterTypes)：获取某种类型参数的构造方法。
- getDeclaredConstructors()：获取所有构造方法。

下面举例说明获取构造方法的使用，相关代码如下：

```
1  package com.daojie.reflect;
2  import java.lang.reflect.Constructor;
```

```
3  public class Demo02 {
4      public static void main(String[] args) throws Exception {
5          Class clz = Class.forName("java.lang.String");
6          System.out.println(clz);
7          // 创建对象。 对应的类中必须有无参构造方法
8  //      String str = (String) clz.newInstance();
9  //      System.out.println(str);
10         // 获取构造方法。   String(String)
11         Constructor c = clz.getConstructor(String.class);
12         // 使用构造方法创建对象
13         String str = (String) c.newInstance("abc");
14         System.out.println(str);
15         Constructor c1 = clz.getConstructor(char[].class);
16         String str1 = (String) c1.newInstance(new char[]{'1','2','a'});
17         System.out.println(str1);
18         // 获取 String(char[],boolean)  获取非 public 修饰的构造方法
19         Constructor c2 = clz.getDeclaredConstructor(char[].class,boolean.class);
20         // 暴力破解
21         c2.setAccessible(true);
22         String str2 = (String) c2.newInstance(new char[]{'A','B'},true);
23         System.out.println(str2);
24         System.out.println("==========================================");
25         // 获取所有 public 修饰的构造方法
26 //      Constructor[] cs = clz.getConstructors();
27 //      for (Constructor constructor : cs) {
28 //          System.out.println(constructor);
29 //       }
30         // 获取所有构造方法
31         Constructor[] cs = clz.getDeclaredConstructors();
32         for (Constructor constructor : cs) {
33             System.out.println(constructor);
34         }
35     }
36 }
```

第 5 行代码通过字符串获取 class 对象；第 8 行代码创建字符串对象，输出结果为空，使用 newInstance() 对应的类中必须有无参构造方法，如果没有无参构造方法则该行代码编译不通过。通过该方法创建字符串对象无法获取字符串，如果在 newInstance() 括号内输入字符串，则编译不通过。

如果想获取字符串，必须先获取构造方法，然后使用构造方法创建对象，第 11 行代码使用 getConstructor(Class<?>… parameterTypes) 获取字符串的构造方法；第 13 行代码通过 newInstance() 创建字符串对象，此时可以直接在该方法的括号内输入字符串，即可输出该字符串。第 15、16 行代码是获取字符数组构造方法，然后创建字符数组对象。

第 19 行代码使用 getDeclaredConstructor(Class<?>… parameterTypes) 方法获取隐藏的构造方法，也就是非 public 修饰的构造方法；第 19 行代码输出 c2，运行代码获取构造方法为 "java.lang.String(char[],boolean)"。按照创建字符数组的方法创建对象后，运行代码时会出现错误，因为构造方法是非 public 修饰的，必须暴力破解（暴力破解将在 10.2.4 节介绍）。第 21 行代码使用 setAccessible(true) 方法暴力破解 c2；第 22 ~ 24 行代码用于创建对象并输出。由此可见不仅可以获

取隐藏的构造方法，还可以通过暴力破解创建对象，这就是反射的优点。反射可以无视修饰符直接获取构造方法。

第 26 行代码使用 getConstructors() 获取所有被 public 修饰的构造方法；第 27~29 行代码，对获取构造方法进行遍历，执行该段代码，即可获取 Java 中所有被 public 修饰的构造方法，如图 10-7 所示。

```
Problems  Javadoc  Declaration  Console
<terminated> Demo02 [Java Application] D:\develop\Java\jdk1.8.0_45\bin\javaw.exe (2019年12月17日 下午5:06:36)
public java.lang.String(byte[],int,int)
public java.lang.String(byte[],java.nio.charset.Charset)
public java.lang.String(byte[],java.lang.String) throws java.io.UnsupportedEncodingException
public java.lang.String(byte[],int,int,java.nio.charset.Charset)
public java.lang.String(byte[],int,int,java.lang.String) throws java.io.UnsupportedEncodingException
public java.lang.String(java.lang.StringBuilder)
public java.lang.String(java.lang.StringBuffer)
public java.lang.String(byte[])
public java.lang.String(int[],int,int)
public java.lang.String()
public java.lang.String(char[])
public java.lang.String(java.lang.String)
public java.lang.String(char[],int,int)
public java.lang.String(byte[],int)
public java.lang.String(byte[],int,int,int)
```

图 10-7　输出被 public 修饰的构造方法

第 31 行代码使用 getDeclaredConstructors 获取 Java 中所有构造方法；第 32~34 行代码遍历获取的内容。为了展示清晰，将获取被 public 修饰的构造方法的相关代码注释后，运行代码，输出结果如图 10-8 所示。

```
Problems  Javadoc  Declaration  Console
<terminated> Demo02 [Java Application] D:\develop\Java\jdk1.8.0_45\bin\javaw.exe (2019年12月17日 下午5:07:51)
class java.lang.String
abc
12a
AB
========================================
public java.lang.String(byte[],int,int)
public java.lang.String(byte[],java.nio.charset.Charset)
public java.lang.String(byte[],java.lang.String) throws java.io.UnsupportedEncodingException
public java.lang.String(byte[],int,int,java.nio.charset.Charset)
public java.lang.String(byte[],int,int,java.lang.String) throws java.io.UnsupportedEncodingException
java.lang.String(char[],boolean)
public java.lang.String(java.lang.StringBuilder)
public java.lang.String(java.lang.StringBuffer)
public java.lang.String(byte[])
public java.lang.String(int[],int,int)
public java.lang.String()
public java.lang.String(char[])
public java.lang.String(java.lang.String)
public java.lang.String(char[],int,int)
public java.lang.String(byte[],int)
public java.lang.String(byte[],int,int,int)
```

图 10-8　输出结果

10.2.4　暴力破解

视频 ●⋯⋯⋯

获取 Field

在需要使用到类非公共内容时，需要执行暴力破解，否则运行出错。可以使用
setAccessible(true) 开启暴力破解。

在上一节中介绍了如何获取隐藏的构造方法，并通过暴力破解创建对象，同学们可以参
照该内容进一步学习暴力破解。

10.2.5　获取 Field

获取 Field 的方法如下：

- getDeclaredField(String name)：获取指定属性。
- getDeclaredFields()：获取所有属性。
- get(Object obj)：获取属性值。
- set(Object obj,Object value)：给属性设定值。

下面举例说明获取属性的方法，相关代码如下：

```
1  package com.daojie.reflect;
2  import java.lang.reflect.Field;
3  public class Demo03 {
4      public static void main(String[] args) throws Exception {
5          // 获取字节码文件对象
6          Class<String> clz = String.class;
7          // 获取 hash 属性
8          Field f = clz.getDeclaredField("hash");
9          System.out.println(f);
10         String str = "avd";
11         // 暴力破解
12         f.setAccessible(true);
13         // 给 str 的 hash 值设置为 10
14         f.set(str, 10);
15         // 获取 str 的 hash 值
16         System.out.println(f.get(str));
17         // 获取所有属性
18         Field[] fs = clz.getDeclaredFields();
19         for (Field field : fs) {
20             System.out.println(field);20
21         }
22     }
23 }
```

获取属性首先要获取字节码文件对象，第 6 行代码获取字符串字节码文件对象；第 8 行代码使用
getDeclaredField(String name) 获取字符串的 hash 属性；第 14 行代码使用 set(Object obj,Object value)
方法将 str 的 hash 值设定为 10；第 16 行代码使用 get(Object obj) 方法获取 hash 的属性值。运行该段代码，
显示参数访问异常，因为使用了类中非公共的内容，所以还需要暴力破解。第 12 行代码暴力破解 f，
然后就可以获取 hash 的属性值了。

第 18 行代码使用 getDeclaredFields() 方法获取所有属性，返回值为数组形式，第 19~21 行代码
对数组实行遍历。

运行代码后，输出结果如图 10-9 所示。

```
private int java.lang.String.hash
10
private final char[] java.lang.String.va]
private int java.lang.String.hash
private static final long java.lang.Strir
private static final java.io.ObjectStream
public static final java.util.Comparator
```

图 10-9　获取属性的结果

10.2.6　获取 Method

获取 Method 的方式如下：

- getDeclaredMethod(String name,Class<?>… parameterTypes)：获取指定参数的方法。
- getDeclaredMethods()：获取所有方法。
- invoke(Object obj,Object… args)：执行方法。

获取 Method

下面举例说明获取方法的应用，相关代码如下：

```
1  package com.daojie.reflect;
2  import java.lang.reflect.Method;
3  public class Demo04 {
4      public static void main(String[] args) throws Exception {
5          // 获取字节码文件对象
6          Class<String> clz = String.class;
7          // 获取 charAt(int) 方法
8          Method m = clz.getDeclaredMethod("charAt", int.class);
9          System.out.println(m);
10         String str = "fegjtio";
11         // 执行方法
12         char c = (char) m.invoke(str, 3);
13         System.out.println(c);
14         Method[] ms = clz.getDeclaredMethods();
15         for (Method method : ms) {
16             System.out.println(method);
17         }
18     }
19 }
```

第 8 行代码使用 getDeclaredMethod(String name,Class<?>… parameterTypes) 获取 charAt(int) 方法；第 12 行代码使用 invoke(Object obj,Object… args) 方法获取 str 中索引为 3 的字符，输出结果为 "j"。

第 14 行代码使用 getDeclaredMethods() 获取所有方法；第 15~17 行代码对获取的方法进行遍历。

运行代码，可见输出的方法很多，除了公共方法外还包含私有方法，下面将展示部分内容，如图 10-10 所示。

```
public char java.lang.String.charAt(int)
j
public boolean java.lang.String.equals(java.lang.Object)
public java.lang.String java.lang.String.toString()
public int java.lang.String.hashCode()
public int java.lang.String.compareTo(java.lang.String)
public int java.lang.String.compareTo(java.lang.Object)
public int java.lang.String.indexOf(java.lang.String,int)
public int java.lang.String.indexOf(java.lang.String)
public int java.lang.String.indexOf(int,int)
public int java.lang.String.indexOf(int)
static int java.lang.String.indexOf(char[],int,int,char[],int,int,int)
static int java.lang.String.indexOf(char[],int,int,java.lang.String,int)
public static java.lang.String java.lang.String.valueOf(int)
```

图 10–10 获取方法的结果

10.2.7 Class 常用获取方法

Class 常用的获取方法如下：

视 频

Class 和
Method 常用
方法

• Class<?>[] getInterfaces()：获取实现的接口。

• Class<? super T> getSuperclass：获取父类。

• String getName()：获取全路径名。

• String getSimpleName()：获取类名。

• Package getPackage()：获取包名。

下面举例说明 Class 常用的获取方法，相关代码如下：

```
1  package com.daojie.reflect;
2  public class Demo05 {
3      public static void main(String[] args) {
4          // 获取字节码文件对象
5          Class<String> clz = String.class;
6          // 获取实现的接口
7          Class[] cs = clz.getInterfaces();
8          for (Class class1 : cs) {
9              System.out.println(class1);
10         }
11         // 获取父类
12         System.out.println(clz.getSuperclass());
13         // 获取全路径名
14         System.out.println(clz.getName());
15         // 获取类名
16         System.out.println(clz.getSimpleName());
17         // 获取包名
18         System.out.println(clz.getPackage());
19     }
20 }
```

第 7 行代码使用 Class<?>[] getInterfaces() 获取 clz 实现的接口；第 8~10 行代码对实现的接口进行遍历，由输出结果可见实现了 3 个接口。

第 12 行代码使用 Class<? super T> getSuperclass 获取 clz 的父类，直接输出结果为 Object；第

14 行代码使用 String getName() 获取 clz 的全路径名称；第 16 行代码使用 String getSimpleName() 获取 clz 的类名，输出结果为 String；第 18 行代码使用 Package getPackage() 获取包名。

运行以上代码，输出结果如图 10–11 所示。

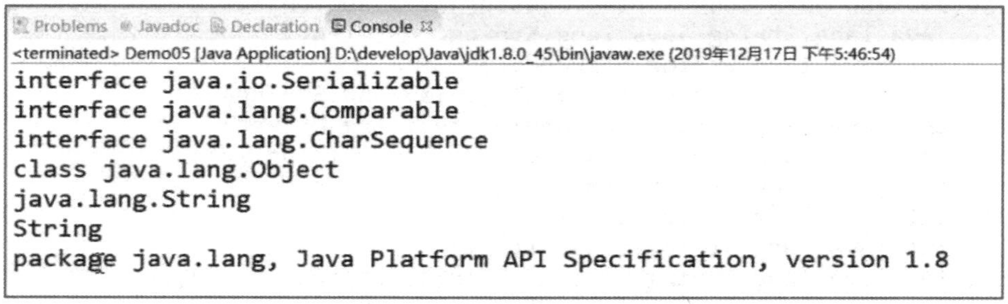

```
Problems  Javadoc  Declaration  Console ⌗
<terminated> Demo05 [Java Application] D:\develop\Java\jdk1.8.0_45\bin\javaw.exe (2019年12月17日 下午5:46:54)
interface java.io.Serializable
interface java.lang.Comparable
interface java.lang.CharSequence
class java.lang.Object
java.lang.String
String
package java.lang, Java Platform API Specification, version 1.8
```

图 10–11　Class 常用获取方法的结果

10.2.8　Method 常用方法

Method 的常用方法如下：

- Class<?> getDeclaringClass()：获取方法所在的声明类。
- Class<?>[] getExceptionTypes()：获取方法声明的编译时异常。
- int getParameterCount()：获取参数个数。
- Class<?>[] getParameterTypes()：获取方法参数类型。
- Class<?> getReturnType()：获取返回值类型。

下面举例说明 Method 的常用方法，相关代码如下：

```
1  package com.daojie.reflect;
2  import java.lang.reflect.Method;
3  public class Demo06 {
4      public static void main(String[] args) throws Exception {
5          // Method 常用方法
6          // 获取字节码文件对象
7          Class<String> clz = String.class;
8  //      Method m = clz.getDeclaredMethod("getBytes");
9          Method m = clz.getDeclaredMethod("getBytes",String.class);
10         // 获取方法所在的声明类
11 //      System.out.println(m.getDeclaringClass());
12         // 获取方法声明的编译时异常
13         Class[] cs = m.getExceptionTypes();
14         for (Class class1 : cs) {
15             System.out.println(class1);
16         }
17         // 方法的参数个数
18         System.out.println(m.getParameterCount());
19         // 获取方法参数列表的类型
20         Class[] cs1 = m.getParameterTypes();
21         for (Class class1 : cs1) {
22             System.out.println(class1);
23         }
24         // 获取返回值类型
25         System.out.println(m.getReturnType());
26     }
27 }
```

第 8 行代码获取字符串 getBytes 方法；第 11 行代码使用 Class<?> getDeclaringClass() 获取 getBytes 方法所在的声明类，返回结果为 "class java.lang.String"，表示在 Java 的 lang 包 String 类中声明。

将第 8、11 行代码注释，在第 9 行获取一个有异常的 getBytes 方法；第 13 行代码使用 Class<?>[] getExceptionTypes() 获取方法声明的编译时异常，因为返回的是数组，所以需要创建数组。第 14~16 行代码对数组结果进行遍历，输出一条不支持编码格式的异常，因为空指针异常是运行时异常，所以没有输出。

第 18 行代码使用 int getParameterCount() 获取参数的个数；第 20 行代码使用 Class<?>[] getParameterTypes() 返回方法参数的类型；第 25 行代码使用 Class<?>getReturnType() 获取返回值类型。

运行以上代码，输出结果如图 10-12 所示。

```
Problems @ Javadoc Declaration Console
<terminated> Demo06 [Java Application] D:\develop\Java\jdk1.8.0_45\bin\javaw.
class java.io.UnsupportedEncodingExceptio
1
class java.lang.String
class [B
```

图 10-12 Method 常用方法的结果

10.2.9 反射的劣势

前面介绍了反射的一些优势，那它有什么劣势呢？下面介绍一下：

• 打破了封装原则。

• 跳过了泛型的类型检查。

Java 面向对象的三大特性为封装、继承和多态，使用 private 将其封装。可以通过反射获取对私有成员的操作权利，所以反射打破了封装原则。

视频
反射的劣势

下面举例说明反射是如何跳过泛型类型检查的，相关代码如下：

```
1  package com.daojie.reflect;
2  import java.lang.reflect.InvocationTargetException;
3  import java.lang.reflect.Method;
4  import java.util.ArrayList;
5  import java.util.List;
6  public class Demo07 {
7      public static void main(String[] args) throws NoSuchMethodException, SecurityException,
IllegalAccessException, IllegalArgumentException, InvocationTargetException {
8          // 反射的劣势：①打破了封装原则；②跳过了泛型的类型检查
9          List<String> list = new ArrayList<>();
10         // 获取字节码文件对象
11         Class<List> clz = (Class<List>) list.getClass();
12         // List 接口的 add(Object)
13         Method m = clz.getDeclaredMethod("add", Object.class);
14         // 执行方法
15         m.invoke(list, 3);
16         System.out.println(list);
17     }
18 }
```

在第 9 行代码中，通过泛型创建 list 接口，其类型是字符串，接着我们可以通过反射跳过泛型的检查。第 11 行代码获取 list 接口的字节码文件对象；第 13 行代码获取 add 方法；第 15 行代码执行方法，表示调用 add 方法添加 Integer 类型的 3；第 16 行输出 list。

运行代码，输出结果如图 10–13 所示。

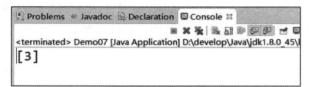

图 10–13　输出结果

输出结果为 3，表示代码运行正常，第 15 行代码中添加了 Integer 类型的 3，而不是泛型指定的 String 类型，证明反射可以跳过泛型的检查。

如果要添加 String 类型的 3，则第 15 行代码应该修改为 m.invoke(list, "3");，运行代码输出的结果是一样的。

● 视频

课程总结

小　结

通过学习网络和反射的相关知识，同学们可以掌握网络的基本概念以及使用 TCP 和 UDP 通信。反射机制是 Java 中非常重要的机制，一定要熟练使用对应的方法。反射机制能够获取到对象的私有信息，在很多场景下非常有用，但是也在一定程度上破坏了封装性。

习　题

编程题

定义一个方法，可以传入任意一个对象 (obj)，返回一个新的对象 (newobj)，新的对象 (newobj) 和传入对象 (obj) 属于同一个类，并且属性和属性值完全相同。注意传入的对象和新对象地址不同。

附录 A

Notepad++ 的安装和使用

在本书中使用 Notepad++ 工具，用于演示关键字的高亮显示。使用 Notepad++ 之前需要进行安装和相关的设置，下面介绍 Notepad++ 工具安装和设置的具体方法。

（1）双击 Notepad 的应用程序，在打开的对话框中选择"简体中文"，然后单击 OK 按钮，如图 A-1 所示。

视频 ●
Notepad++
安装和使用

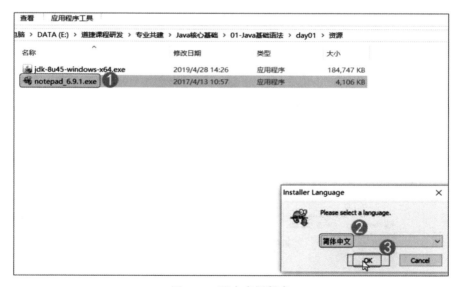

图 A-1　双击应用程序

（2）进入欢迎界面，保持默认状态单击"下一步"按钮，在下一界面中显示许可证协议，单击"我接受"按钮，如图 A-2 所示。

（3）在"选择安装位置"界面中显示该软件的大小和安装的位置，单击"浏览"按钮更改安装位置，然后单击"下一步"按钮，如图 A-3 所示。

（4）进入"选择组件"界面，保持默认设置，单击"下一步"按钮，在弹出的下一个界面中直接单击"安装"按钮，即可自动安装 Notepad++ 软件，如图 A-4 所示。

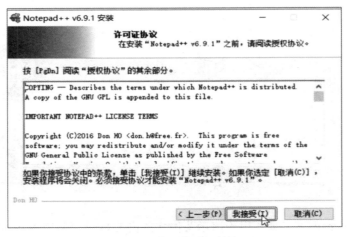

图 A–2　接受许可证协议

图 A–3　选择安装位置

图 A–4　安装 Notepad++

（5）单击"完成"按钮，即可打开 Notepad++ 软件，如果需要在该软件中编写 Java 语言，还需要进一步设置。单击菜单栏中的"设置"按钮，选择"首选项"命令。打开"首选项"对话框，在左侧列表框中选择"新建"选项，在"格式"选项区域中选中 Windows 单选按钮，在"编码"选项区域中选中 ANSI 单选按钮，设置默认语言为 Java，单击"关闭"按钮即可，如图 A–5 所示。

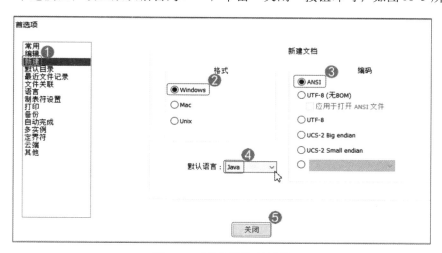

图 A–5 "首选项"对话框